沖縄の基地の間違ったうわさ

検証 34個の疑問

佐藤　学、屋良 朝博 編

※　表紙写真＝高江の上空を飛ぶ米軍のヘリから、銃を構える米兵（撮影・宮城秋乃）

JN254584

岩波ブックレット No. 962

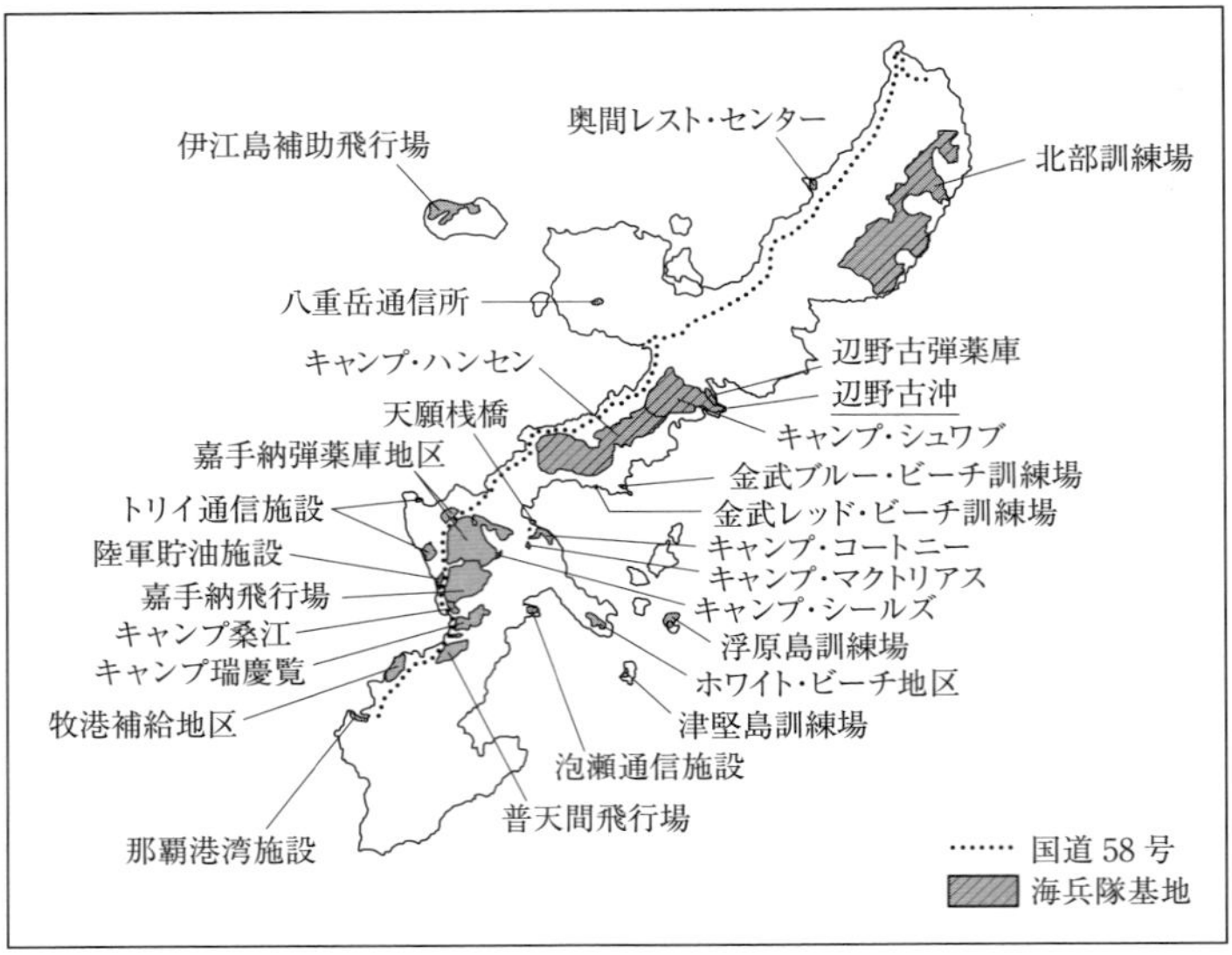
伊江島補助飛行場
奥間レスト・センター
北部訓練場
八重岳通信所
キャンプ・ハンセン
辺野古弾薬庫
辺野古沖
キャンプ・シュワブ
天願桟橋
嘉手納弾薬庫地区
金武ブルー・ビーチ訓練場
トリイ通信施設
金武レッド・ビーチ訓練場
陸軍貯油施設
キャンプ・コートニー
キャンプ・マクトリアス
嘉手納飛行場
キャンプ・シールズ
キャンプ桑江
浮原島訓練場
キャンプ瑞慶覧
ホワイト・ビーチ地区
牧港補給地区
津堅島訓練場
泡瀬通信施設
普天間飛行場
那覇港湾施設
国道58号
海兵隊基地

沖縄本島の米軍基地

Ⅰ章　沖縄の基地のホントの話

普天間飛行場建設のため，地ならしをする米軍のブルドーザー
(1945 年 6 月，沖縄県公文書館所蔵)

I-① 米軍が駐留しているのは、日本を守るため？

佐藤　学

日米安全保障条約第五条の防衛義務があるから、在日米軍は日本を防衛する、そのために日本に駐留していると、日本では広く考えられています。その条文は「いずれか一方に対する武力攻撃が、自国の平和及び安全を危うくするものであることを認め、自国の憲法上の規定及び手続に従つて共通の危険に対処するように行動することを宣言する」というものです。このような「日本を防衛する義務」は、一九六〇年の改定以前の旧安保条約にはなく、改定時の岸信介首相は、これにより、日米安保の双務性を確保する意図があったとされています。

しかし、日米安全保障条約の基本的な目的は、日本領土における基地の使用の確保にあり、米軍世界戦略の上で基地としての日本を守る必要がある限りにおいて、であることは疑いありません。二〇一五年の安保法制・集団的自衛権の議論が高まった時期は普天間・辺野古が尖閣の緊張に関連させて取り上げられ、沖縄への攻撃が強くなりました。当時東京財団研究員で、元海上自衛隊航空隊司令であった小原凡司氏が、安保法制支持の立場からインタビューに答えています。「日本の防衛は自分で責任をもつ。日米が一緒に尖閣を守るという議論がありますが、ナンセンスだと思います。そんなことを米国はしないし、防衛は日本の責任です。そもそも日米同盟は、日本が攻撃を受けた場合、日本が防衛し日本がもたない攻撃部分を米国が担保するというのが基本です」（朝日新聞二〇一五年七月三一日「耕論」）。この時期に、安保法制、日米軍事同盟強化支持の立場から、米国は尖閣での紛争に軍事介入しないと公に明言した例は私が知る限り小原氏だけです。

しかし、この内容が少なくとも軍事専門家にとって常識であることは日米防衛協力のための指針（ガイドライン）からも明白です。元海将で自衛艦隊司令官だった香田洋二氏がそれを改めて明言しています。米軍をつなぎとめておくために日米安保が必要なのでは？　という問いに「日米安保への理解が根本から逆です。日米軍事同盟を置き換えられない価値として大切に思っているのは、日本より米国。日米安保の維持が米国の国益であり、世界戦略上、不可欠だからです」「大多数の国民は日米安保で米国は日本を守ってくれると思っているが、違う。日本を守るのは自衛隊です。米軍の守り方は、日本への侵略を抑止する、戦争が起きても早期に終結させる、日本の被害を最小限にするために相手国を攻撃する。物理的に日本を守ることではない。例えば尖閣諸島程度の小島を米軍が守るはずがない」。トランプ政権も尖閣諸島周辺は日米安保の適用対象と繰り返している、との質問に「聞かれればそう答えるでしょう。でも実際に尖閣の防備を整え守るのは自衛隊。それが自衛隊の存在理由です。米国の任務は中国本土への打撃です。その力によって尖閣侵攻を抑止し、実行されたら中国本土を攻撃して侵攻を頓挫させる。これが「米軍が尖閣を守る」の意味です。現場の作戦に米軍が参加すると思っている自衛隊幹部は皆無でしょう」。なぜ尖閣防衛に米軍は中国本土を攻撃するのかという問いに、日米安保の下での在日米軍にそれだけの価値があるからだと結んでいます（朝日新聞二〇一七年八月二三日「安保考」）。

尖閣を守るために米国が中国本土を攻撃する可能性はありません。米軍が物理的な作戦行動で日本を守るのではない、という認識を自衛隊幹部が共有している事実は重要でしょう。

Ⅰ-② 普天間には何もなかった?

宮城康博

在沖米軍基地「普天間飛行場」はいつ造られたのか。一九四五年の沖縄戦時に、住民が戦火を避けて避難したり、米軍の捕虜になって収容所にいた間に、米軍が本土襲撃用の滑走路として造ったものです。もちろん土地の正統な所有者である住民に同意の有無などはかることもなく、です。では、そこはほんとうに何もない原野もしくは田んぼであったのか。それは、確認できる記録や当事者の記憶を見る限り、でたらめなデマだと断定できます。

事実は、現在「普天間飛行場」のある場所は、宜野湾村の集落があった地域だということです。その中で最も大きかった字宜野湾には村役場や国民学校、宜野湾並松と呼ばれる南北を結ぶ街道があり、交通の要衝、生活の中心地でもありました。二〇一六年四月に宜野湾市の字宜野湾郷友会(宮城政一会長)が制作したDVD「戦前集落イメージムービー」では、現在の航空写真に戦前の字宜野湾集落平面図を重ね合わせた図が公開されています。これを見ると、国の天然記念物に指定された「宜野湾街道の松並木」(一九三二年一〇月一九日付文部省告示第二一八号)や、学校や役場、集落家屋や畑地などが普天間飛行場内に接収されているのがわかります。

また、一九四五年六月に米陸軍が撮影した普天間飛行場建設中の写真(Ⅰ章扉)では、宜野湾並松街道の松がはっきりと確認できます。

普天間飛行場内には、字宜野湾の人々の大切な水源であり、信仰の対象でもあった「産井《ウブガー》」もありました。毎年旧暦六月に、宇宜野湾郷友会の人々は、米軍の許可を得て産井の清掃と拝みを行います。そのことは在日米海兵隊のＨＰにも「普天間基地内にあるこの場所へは、普天間基地司令官の許可が必要で、文化的に重要な遺跡などへのアクセスは在日米海兵隊の厚意の一環で行われています」と記されています（二〇一五年八月のニュース「宜野湾市民が普天間基地にある泉で祈る」http://www.kanji.okinawa.usmc.mil/news/150814-futenma.html）。これらの事実からは、普天間飛行場は地域住民の土地や施設等を接収して造られ、飛行場内には歴史的・文化的に重要な施設等があること、米軍もそれを認めており、「厚意の一環」で住民のアクセスを許可していることがわかります。土地を収奪された住民は戦後、飛行場の周辺に住まざるをえなかったのです。

普天間飛行場は成り立ちの原初から、戦時においても私有財産の没収を禁じたハーグ陸戦法規などに違反していると指摘されていますが、日本政府は現時点で確定的に判断することは難しいと判断そのものを忌避しています。そして、一九七二年以降は日米安全保障条約に基づく米国への提供施設としてそのまま使用され続けているわけです。米軍の行為および問題を根本的に解決することなく提供施設とし続ける日本政府の行為を覆い隠すために、デマは発せられているのかもしれません。問題は危険性除去だけではなく、土地を強奪して造られた基地だということです。沖縄内で移転することで、さらに問題を複雑化させているのが日米両政府の辺野古移設方針です。

この荒唐無稽なデマは、「普天間には何もなかったのに周辺に住民が住み着いて危険になった、であるから住民が移住すべき」など、沖縄住民への悪意あるレベルに変化し流布され、現在でもインターネット上では「教えて goo!」や「チャンネル桜」の動画などで残り続けています。

I-③ 辺野古基地ができれば沖縄全体の基地負担は減る? 宮城康博

在沖米軍基地の中で普天間飛行場の面積比はわずか二%です。それを辺野古へ移したところで沖縄が在沖米軍基地を過重に押し付けられている負担は変わりません。

政府の説明はこうです。「普天間飛行場を辺野古へ移転し、海兵隊一万八〇〇〇人のうち約九〇〇〇人をグアムや豪へ移転。米空軍嘉手納飛行場より南にある海兵隊基地も大幅に整理統合するため、基地負担は格段に軽減される」。確かに人口が集中する嘉手納以南から米軍基地がなくなると風景は一変するでしょう。しかし「嘉手納飛行場以南の土地の返還」(三二頁参照)をみても、「速やかに返還」は六五《ヘクタール》だけ、「県内で機能移転後に返還」が八四一《ヘクタール》、「海兵隊の国外移転後に返還」は一四二《ヘクタール》でほとんどが「条件が整えば」であり、沖縄県内での機能移転が最大です。

これらの方針が示すものは、日米両政府は一九四五年の沖縄戦以来沖縄にあり続ける在沖米軍基地を将来にわたっても維持していく、という意思です。

この姿勢は、一九九五年の少女暴行事件に端を発する沖縄県民の《基地の整理縮小》《日米地位協定改定》を求める強い声に対して、日米両政府が立ち上げた「沖縄に関する特別行動委員会(SACO=Special Action Committee on Okinawa)」から一貫しています。SACOは沖縄の負担軽減のための施策のごとく喧伝《けんでん》され、沖縄側もそう受け止めましたが、実際は、沖縄戦から半世紀も経て老朽化し周辺が都市化した中南部の米軍基地をスクラップ&ビルドし、人口過疎地の北部へ移設していくものでした。その目玉が普天間飛行場のキャンプ・シュワブ沿岸への移設であり、すでに使用されていない北部演習場の過半部分を返還するかわりに東村高江集落を囲むようにオスプレイ使用のヘリパッドを新設することでした。これは皮肉な現実ですが、シュワブ沿岸域も高江周辺の森も、米軍への提供施設及び区域であるために開発が許されず、良好な自然が残る場所です。それが基地建設のために破壊されるのです。さらにシュワブには隣接して海兵隊の弾薬庫があり、海兵隊は普天間飛行場ではできない弾薬装塡ができるエリアを確保し、水深のある大浦湾に面し軍港機能をも併せ持つ基地を得ることになります。「辺野古新基地」と呼ばれる所以です。

また、沖縄県民は一九七二年の復帰時に日本政府への建議書という形で、県民総意で「基地のない沖縄」を求めた歴史があります。その願いは踏みにじられ、米軍基地はそのまま残り今日に至っています。復帰前の五〇〜六〇年代に日本本土にあった米軍基地・部隊（主に海兵隊）が沖縄に移駐されたことで、在日米軍基地の沖縄への集中比率は高くなったという事実もあります。

このような状況の推移で沖縄の現在があり、「辺野古新基地ができれば沖縄全体の負担は減る」といわれても、そうではなく負担が永続するとしか沖縄県民の立場からはいえないわけです。

二〇一四年四月の日米共同声明「アジア太平洋及びこれを超えた地域の未来を形作る日本と米国」では「普天間飛行場のキャンプ・シュワブへの早期移設及び沖縄の基地の統合は、長期的に持続可能な米軍のプレゼンスを確かなものとする（傍点筆者）。この文脈で、日米両国は、沖縄への米軍の影響を軽減することに対するコミットメントを再確認する」と明記されています。これは、沖縄県民にとっては将来世代にわたる負担増でしかありません。

Ⅰ-④ 地元が誘致してできた基地もあるんでしょ？

宮城康博

キャンプ・シュワブが地元（旧久志村＝現名護市）の誘致によってできたという「誘致説」の根拠とされるのは、サンキ浄次元米陸軍中佐の手記『The Birth of a Marine Base』（社団法人北米養秀同窓会十五周年記念誌『北米養秀』編集発行・同誌刊行委員会、一九九五年、所収）です。手記では、一九五六年のエピソードとして、那覇市内の酒場で当時沖縄を統治していた米国の民政府（USCAR）通訳官であったサンキ氏に、久志村長が米軍基地「誘致」への助力を求めたことになっています。

しかし、事実は、一九五五年一月に、米軍は久志村に現在のキャンプ・シュワブ演習場部分「久志岳・辺野古岳一帯の山林を銃器演習に使用と通告」しており、同年七月二二日には、現在のキャンプ・シュワブ兵舎部分「辺野古崎一帯の新規接収を予告」しています。これらすべてに辺野古区は反対し、久志村も反対決議しUSCARへ陳情を行い、阻止行動をとっています（『辺野古誌』辺野古区事務所、一九九六年、六三一頁）。

一九五〇年代の沖縄は、サンフランシスコ講和条約（一九五二年発効）により日本国から切り離され米軍の統治下にありました。日本国は講和条約で主権回復しましたが、沖縄では、米軍による一方的な布令布告に基づき、「銃剣とブルドーザー」で住民の家屋が破壊され、土地が収奪され基地が拡張されていきました。

五四年にはアメリカのアイゼンハワー大統領が年頭の一般教書演説で「沖縄の我々の基地を無期限に保持するつもりである」と宣言し、沖縄の米軍基地はさらに拡充拡大され続けていきます。

同年三月、USCARは「軍用地料一括払い」という米陸軍省計画を発表します。土地は強制的に取り上げられ地料は二束三文（年間平均坪当たり、軍票であるB円で一円八銭。山林原野は面積にかかわらず一筆一〇円。当時の物価はタバコ一箱一〇円、白米六グラム約四五円）という状況に沖縄は猛反発しました。四月三〇日に立法院（現在の県議会）は、「軍用地処理に関する請願」（一括払い反対、適正補償、損害賠償、新規接収反対の四原則）を全会一致で可決し、四者協（行政府、立法院、市町村長会、土地連合会）を結成し、「島ぐるみ闘争」へと発展していきます。四者協は渡米して米議会に沖縄の窮状を訴えました。

それに応えるような形で、一九五五年一〇月二三日、米国下院軍事委員会分科会の調査団（プライス調査団）が来沖。これに対して沖縄側が提出した折衝資料に「沖縄の軍用地分布図」（『情報第4號　軍用地問題はこう訴えた』行政主席官房情報課、一九五六年三月一日、所収）があります。図の中には、日本本土から移駐されてくる海兵隊用地として、久志村・宜野座村にまたがる演習場を含む「キャンプシュワブ」部分と、国頭村・東村にまたがる「北部演習場」部分が、「新規接収予定地域」として描かれています。

このように、サンキ氏が久志村長から「誘致」の相談を受けたとされる前年、すでにキャンプ・シュワブは海兵隊基地として接収予定されており、久志村にその通告がされていたのです。

沖縄の統治者である米軍による、住民の人権や財産権を無視した「銃剣とブルドーザー」での

久志村辺野古工事再開祝賀会
（1957年7月4日，沖縄県公文書館所蔵）

強制接収を恐れ、交渉によってできる限り権利を守ろうとする行為を、「誘致」と呼ぶのは明らかに誤りです。サンキ氏の手記にある「誘致」の表現は、一方的な通告や接収予告に困った久志村長が、どうにか権利を守るようＵＳＣＡＲと交渉できないかとした相談をそのように表現しているのかもしれません。

米軍は久志村辺野古区との秘密裏の交渉の結果、一九五六年一二月二八日に「五年契約、地代は毎年払い」という条件で地主と直接契約を結び、キャンプ・シュワブの土地使用権を得ます。

地元が「新規接収」を受け入れたことを、米軍側は島ぐるみ闘争を挫く大きなニュースとして利用しました。そのような文脈でサンキ氏の手記における「誘致」は読まれるべきです。一九五七年一月一九日、米軍は琉球放送社に対し「一括払いに賛成する辺野古住民の声を琉球放送から放送せよ」と命令を発し一五分にわたって放送させました（『琉球放送十年誌』一九六五年一二月、二三頁）。

同年三月、島ぐるみ闘争の一角を担っていた土地総連合が、ＵＳＣＡＲと久志村が結んだ契約とほぼ同内容で「軍使用土地問題解決具体案」を提起します。

同年七月四日には、初代高等弁務官に就任したばかりのムーア陸軍中将と当間重剛行政主席が出席し、盛大に基地工事再開祝賀会を行いました。九月、立法院で沖縄社会大衆党や人民党（現在の日本共産党沖縄県委員会）の反対を押し切り民主党（現在の自民党沖縄県連）が賛成多数で土地総連合の提起に基づく米軍への要請決議を採択します。このような経緯で土地闘争としての「島ぐるみ闘争」は収束へと向かいました。

一九五八年四月一二日、ムーア高等弁務官は、沖縄側に経済面で譲歩し軍用地料の一括払い中止を公表。同年一二月末に立法院が関係法案を可決し、土地問題に一応の決着がつくことになります。新規接収は黙認され、損害補償に関しては未解決のままになりました。

一九七二年に沖縄の施政権はアメリカから日本に返還されますが、現在の辺野古新基地建設問題に対する沖縄の「島ぐるみ」の反対は、五〇年代の「島ぐるみ闘争」で積み残した未解決の問題を解決しようとする沖縄側の動きだともいえます。

そして、その未解決の問題は、米軍統治下で日本国憲法も適用されない状況ではなく、日本国憲法の下に復帰したにもかかわらず、現に起こっている強引な基地建設であり、複雑さを幾重にも増しています。

Ⅰ-⑤「世界一危険」な普天間基地。辺野古に移ればもっと安全？　佐藤　学

米国海兵隊普天間航空基地が、「世界一危険」と呼ばれるようになったのは、当時のＤ・ラムズフェルド米国防長官が、在沖米軍基地を視察した際にそう発言したとされたからです。しかし、この発言は公式ではなく確認できない上、「世界一危険」という客観的基準は存在しません。ベトナム戦争期に、Ｂ52長距離戦略爆撃機が核兵器格納施設至近に墜落し、事故も数多く起きている「極東最大の」空軍嘉手納航空基地も、同じく危険です。

普天間は人口密集地にあり、米国内での海軍・海兵隊航空基地使用規定を適用すれば、住宅、学校、病院等は立地できない滑走路延長上九〇〇ｍの「クリアゾーン」区域に、多くの人家、幼稚園、学校、公共施設が建っており、危険であることは間違いありません。普天間で墜落事故が起きて、民間地に被害をもたらせば反基地世論を抑えられなくなる、という懸念が、普天間移設の理由の一つと考えられてきました。人口密度の高い中部・宜野湾市から、人口密度の低い北部・名護市の、それも、より人口の少ない東海岸に移設すれば、「危険性の除去」が可能という宣伝を、悲しいことに、沖縄県民も長らく受け入れてきた実情があります。

しかしこれは、琉球王府があった首里（現那覇市）を中心とする心理的な距離感に幻惑された錯覚です。筆者が普天間と辺野古の直線距離をグーグルマップで測ったら三六㎞しかないのを知ったのはほんの五年ほど前で、あまりの近さに驚愕しました。辺野古は遠隔地ではないのです。札

幌市（一一二一km²）ほどの面積しかない沖縄（本）島（一二〇八km²）に「遠隔地」は存在しえません。

さらに、辺野古新基地が完成したら、どのように使われるのでしょうか。

海兵隊地上戦闘部隊の北部訓練場に建設したオスプレイパッド（離着陸帯）と、これも西海岸の本部半島沖の伊江島補助飛行場内に建設される、強襲揚陸艦の甲板を模したＬＨＤデッキ（ＬＨＤ＝Landing Helicopter Dock＝強襲揚陸艦「ヘリ空母」）の間をオスプレイが飛び交うようになります。

また、伊江島では、米海兵隊岩国基地所属のＦ35Ｂ垂直（離）着陸ジェット戦闘機が離着艦訓練を実施します。比較的人口密度は低いとはいえ、北部・名護市上空から、観光地が集中する西海岸上空を、海兵隊航空機が沖縄島を横断して頻繁に飛ぶのです。

この危険性の実態が明らかになったのが、二〇一六年一二月の名護市安部海岸でのＭＶ22オスプレイ「墜落」事故でした（六〇頁参照）。大破した機体残骸が海中に散乱しているにもかかわらず、日米両政府はこれを「不時着水」と主張し、米軍は空中給油訓練中に給油機の給油ホースがローターに接触した操縦士の過誤による事故で、機体固有の問題ではないと結論づけ、わずか六日後に飛行を再開しました。ここでの最大の問題は、海兵隊がオスプレイの夜間空中給油、それも強風の中で、という「危険な訓練」を実施していることです。ところが、オスプレイが「欠陥機」であるという批判にのみ終始してきた沖縄県は、海兵隊に「危険な訓練を止めろ」と要求できない位置に自らを追い込んでいるとしか見えません。在沖米軍は、長距離運用に空中給油が必要だから今後も訓練を続けると言います。これも、オスプレイが遠距離の作戦に使用されるような印象を振りまくでしょうが、Ⅳ-⑤で説明するように、オスプレイはそのような使い方はできないのです。

Ⅰ-⑥ 辺野古基地は環境破壊でない?

宮城康博

辺野古・大浦湾の自然環境についても、事実を無視して、新基地建設が環境に与える影響は小さいと印象づける言説もたびたびみられます。

移設条件つきの普天間返還を日米両政府が計画したSACO(沖縄に関する特別行動委員会)最終報告は一九九六年一二月に公表されました。その前月に、外務省OBだった岡本行夫氏は沖縄担当の首相補佐官(非常勤)に就任し、以後移設先とされた名護市や関係機関等との交渉・調整の最前線で活動することになりました。

その岡本氏が二〇一〇年に米国ワシントンで開催された「日米安全保障セミナー」で、両政府当局者やOBらに対し「辺野古(の海)は砂地だけ。サンゴ礁も生物もいない」「(ジュゴンは)沖縄本島全体を周回し、たまに辺野古に立ち寄る」と発言しています(日米安全保障セミナーでの発言。https://www.youtube.com/watch?time_continue=47&v=KlxmUGAE4jk)。辺野古への基地建設問題の最初期に首相補佐官を務めた岡本氏が、一九九七年以降の政府調査でも判明している辺野古沿岸域の自然度の高さ(もちろんサンゴ礁や生物が存在する)や、建設計画範囲にジュゴンの餌場である海草藻場が広がっている事実を知らなかったとは考えられません。岡本氏の当該発言は会場からの「なぜ自然豊かな辺野古が移設先に選ばれたのか」との質問を受けてのものだとわかります。これは事実を意図的に歪め、矮小化する発言です。

このような事実を歪める発言が、日米両政府の安全保障政策（つまり軍事政策）に関わる当局者間で事実認識として共有されているとしたら、とても危険です。

そもそも新基地建設が予定されている辺野古沿岸域は、沖縄県が定めた「自然環境の保全に関する指針」（一九九八年三月）においてランク1（自然環境の厳正な保護をはかる区域）に指定されているほど自然度の高いエリアであり、埋め立てという環境破壊をともなう基地建設を計画するには著しく適性を欠いています。それを強引に建設ありきで進めてきた政府の方針が無理なのです。

先述のように一九九七年に同海域で初めて行われた政府による「適地選定のための予備的調査」でも、国の天然記念物で絶滅危惧種であるジュゴンが一頭目視されていました。その後の複数年複数回の沖縄防衛局による環境調査を経た報告書では、ジュゴンが餌である海草を食んだ食跡や個体確認の場所等の分類を、大浦湾を北側の嘉陽海域としてまとめることで新基地建設予定地である辺野古・大浦湾をジュゴンが使っていないと判断するなど、強引な操作が行われています。

さらに、沖縄防衛局による環境影響評価（アセスメント）の調査では、辺野古・大浦湾の海域から絶滅危惧種二六二種を含む五八〇〇種以上の生物が確認されています。二〇一六年六月には、研究者たちの調査で、二〇〇六年からの一〇年間でエビやカニなどの新種二六種が相次いで発見されたことも報道されています。辺野古沿岸域は生物多様性に富んだ貴重な海です。政府はそれら生物の学術調査や保護措置を講じることなく、新基地建設を強行しようとしています。

このような辺野古新基地建設の立地に関わる事実関係の不都合をことさら小さくみせるため、デマとまではいえないものの、様々な情報操作が政府により行われ続けています。

Ⅰ-⑦ そもそも、なんで沖縄に在日米軍基地の七一%が集中しているの?

屋良朝博

第二次世界大戦で負けた日本は、およそ四〇万人の米国を中心とする連合国軍に占領されました。一九五二年、サンフランシスコ講和条約で日本の独立が認められると同時に日米安全保障条約が締結され、占領軍は半数に減り、〝駐留軍〟と看板を書き換えました。

五三年の駐留米軍は二〇万九一五四人。このうち沖縄には二万三三二五人で構成比は一一%でした。その後、在日米軍は六〇年に八万三〇〇〇人(本土四・六万人、沖縄三・七万人)、七〇年に八万二〇〇〇人(本土三・七万人、沖縄四・四万人)、八〇年に四万六〇〇〇人(本土一・三万人、沖縄三・三万人)となりました。在日米軍は本土で大幅に削減され、沖縄は増えていったわけです。そして現在、日本に駐留する米兵は約三万七〇〇〇人、その約七割にあたる二・五万人が沖縄に集中しています。

一九五七年に岸信介首相とアイゼンハワー米大統領が発表した共同コミュニケは、「合衆国は、日本の防衛力整備計画を歓迎し、よって、安全保障条約の文言及び精神に従って、明年中に日本国内の合衆国軍隊の兵力を、すべての合衆国陸上戦闘部隊のすみやかな撤退を含み、大幅に削減する。なお、合衆国は、日本の防衛力の増強に伴い、合衆国の兵力を一層削減することを計画している」として、戦後日本の再軍備、自主防衛強化にともない、在日米軍を削減する基本方針が

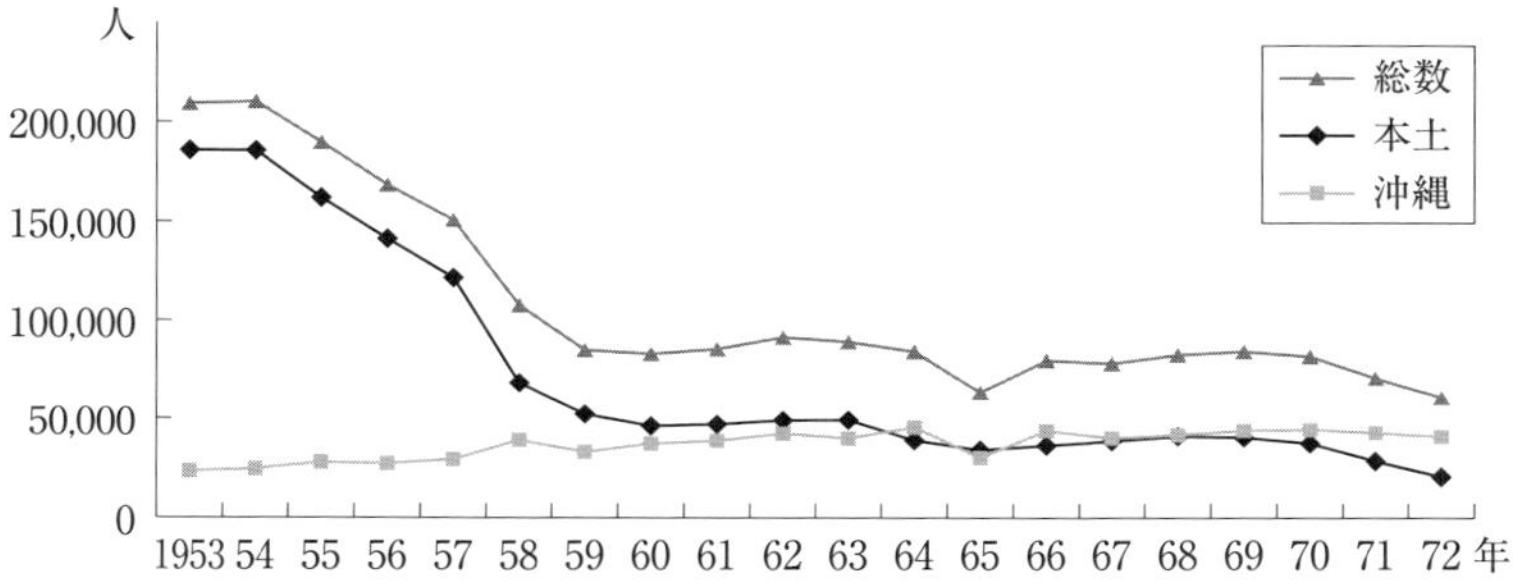

米軍兵力の沖縄集中

確認されました。

当時、米側は本土駐留の米軍を削減する必要に迫られていました。各地で反基地運動が盛んになっていたため、米国務省は「米軍基地の存在を(国民の)目にとまりにくいようにして、反基地感情を減らすべきだ」と警戒したのです。そして「日本に駐留する政治コストが高騰した場合、本土から撤退し、沖縄を主要基地として保持する」(日本における米軍の軍事的対立の再考、一九五六年一二月二一日)との考えを固めていました。一九五六年、岐阜、山梨、静岡、奈良などに分散配置されていた海兵隊が当時日本から切り離されていた沖縄に移転したのです。

海兵隊は、そもそも北朝鮮を警戒するため一九五三年に日本に配備されました。山梨、静岡の富士山麓で実弾砲撃を実施していましたが、住民の抵抗が強く、特に山梨では女性たちが米軍の大型車両の前に立ちふさがったり、砲撃演習の着弾地に潜入して訓練を実力阻止するという事態が起こりました。

同じ頃、東京立川飛行場の拡張工事に反対する住民と機動隊が衝突し、「砂川闘争」と呼ばれ広く知られるようになりました。そこで、米公文書が記したとおり、米軍の存在を国民の目から遠ざける「不可視化」を進めるスケープゴートとして沖縄が使われたのです。

凄惨な地上戦が行われた沖縄では、敗戦直後に住民は強制収容所に入れられ、米軍は巨大な基地を建設し、陸空軍の基地を中心に一万七一三二ヘクタールを占拠していました。さらに戦後一〇年もたった頃、本土が嫌がる海兵隊が押し付けられたため、新たに基地用地を確保する強制接収が激しくなりました。米軍は銃剣で住民を追い払い、家屋と田畑をブルドーザーで潰しました。この非人道的な土地強奪を沖縄では「銃剣とブルドーザー」と呼んでいます。最終的に新たに接収された土地は計一万六一八七ヘクタール、基地面積は約二倍に増え、立ち退きは約五〇〇戸に達しました（鳥山淳『沖縄／基地社会の起源と相克 1945-1956』勁草書房）。

本来警戒すべき朝鮮半島から遠く、しかも部隊を運ぶ艦艇、大型輸送機のない沖縄に海兵隊が移転したのは、軍事的な理由ではなく、本土の基地問題に対応する政治的なものでした。沖縄の基地集中は、安全保障や地政学が理由でないことは歴史的経緯をみれば明らかです。

Ⅱ章　沖縄の経済と基地のヒミツ

米軍ヘリコプター基地が返還後，大型商業施設を中心に再開発されたハンビータウンの夜景

Ⅱ-① 沖縄の経済は基地で成り立っている?

星野英一

この誤解の理由はいくつか考えられます。第一に、ある時期までの沖縄経済に占めるいわゆる基地経済の割合が、実際に大きかったという事実です。たとえば、復帰の年、一九七二年の県民総所得に占める軍関係受取の割合は一五・五%でした。しかし、この誤解はその後の変化を無視しているために起こっています。一九八〇年代後半には、この割合は五%前後に減り、その後も同水準で推移しているのです。これは現在の観光収入の約半分で、県経済に与える影響は決して小さいとは言えませんが、「沖縄の経済は基地で成り立っている」と言うべきレベルではありません。

軍関係受取というのは、米軍関係者の個人消費や基地内で働く軍雇用者の給与、そして軍用地料を含んでいます。これらがもたらす波及効果が大きいとの議論もありますが、その全容をつかむのは難しく、基地経済を正確に測った統計は見当たりません。いずれにせよ、基地がなくなればこの所得はなくなりますから、その覚悟はしなくてはならないでしょう。

第二に、「米軍が撤退したら基地で働く人は困る」とか、「米軍が撤退したら軍用地料で生活している人は困る」などの議論があります。沖縄経済に与える影響というよりは、個人に目を向けての主張です。確かにこの人たちの生活が基地から派生する収入に依存している場合もありますが、そのことと「経済が基地で成り立っている」こととは別の話です(Ⅱ-③参照)。

第三に、Ⅱ-②で取り上げる「沖縄は基地負担の見返りにたくさん補助金をもらっている」と

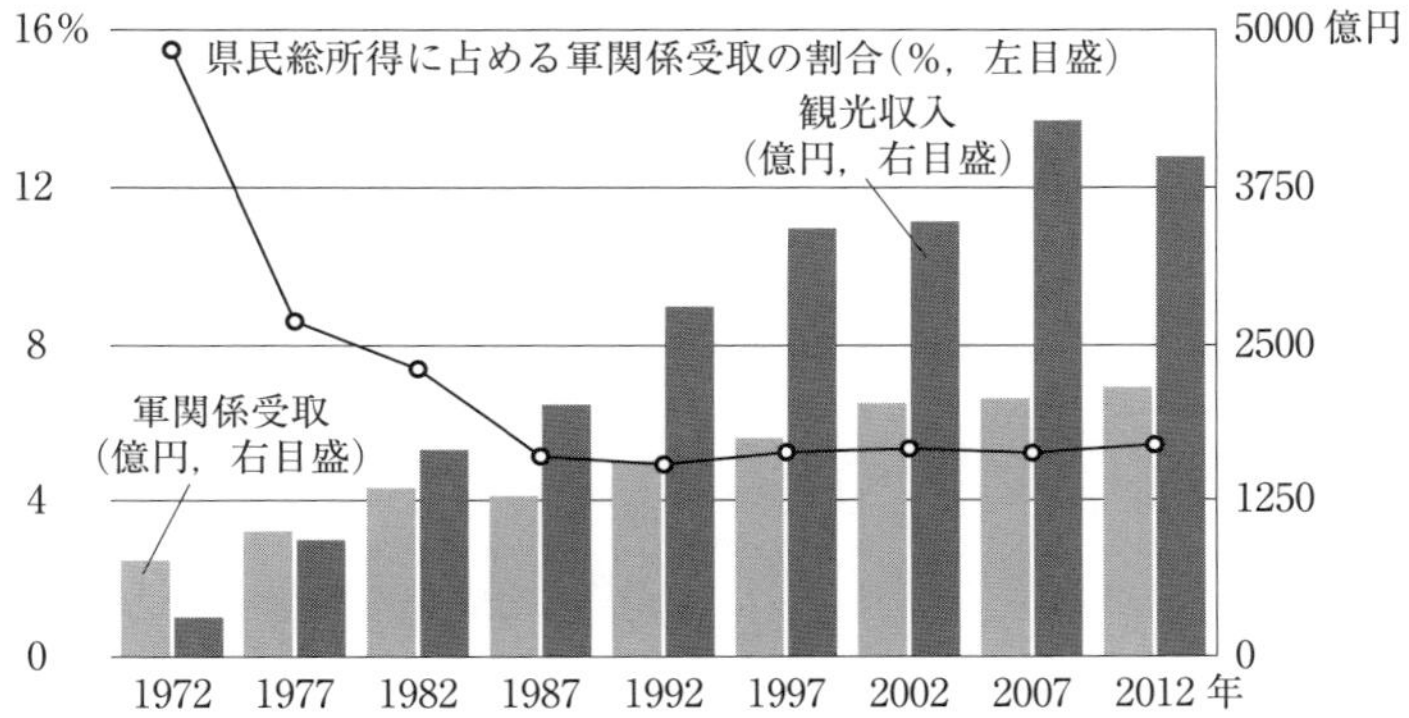

県民総所得に占める軍関係受取の割合の推移

いう誤解の上にこの「沖縄の経済は基地で成り立っている」という誤解があるのではないでしょうか。住宅防音工事や漁業補償などの防衛省予算も基地経済に加えるべきだという指摘もありますが、これらは基地がもたらす騒音や被害を補償する経費であり、収益とみなして基地経済の波及効果を大きく見積もろうとするのは歪んだ議論だと言わざるを得ません。

第四に、返還された基地跡地の利用が進み、県経済にプラスの効果を生んでいる事実が見逃されています。米本国でも、基地返還跡地が地元経済のプラスになった例はたくさんあります。

このことを念頭に置くと、基地があることによるプラスの他に、機会費用（基地がなければ手することができるはずのプラスを手にすることができずにいる事実）を考慮しなくてはならないことがわかります。「基地が沖縄経済の発展を阻害している」との議論も珍しくなくなってきました。もちろん、返還跡地が全てショッピングモールになるわけではないでしょうが、要は、私たちのジンブン（知恵）を総動員してそこに素敵な空間を創り出そうということに尽きます。

Ⅱ-② 沖縄は基地負担の見返りにたくさん補助金をもらっている？

島袋 純

国から自治体へ財政移転する財源移転には、大きく分けると、交付税交付金と国庫支出金があります。国庫支出金は、主として国庫負担金と国庫補助金とに分けられます。積算の根拠が明白である全国一律の交付税交付金と国庫負担金には、〝基地の見返り〟と言えるような部分がありません。交付税交付金の中にある「基地交付金」という仕組みは、基地があるが故に設けられた制度ですが、米軍が市町村への固定資産税の支払いを免除されている分の補塡であり、見返りとは言えません。また、国庫負担金は、憲法上保障された健康で文化的な生活を国民に保障する国の責務という観点のもと、教育福祉関係のサービスに用途を限定されたもので、全国まったく同じ基準で財政移転されます。基地の見返りという考え方が入る余地はありません。

国庫補助金は、国による特定の事業への優先的な投資を奨励するために、個別の補助率や使い方を定めた補助要綱を定め、自治体に申請させて審査し、補助金の交付決定を行って配分するものです。もともと日本には、格差是正や均衡発展の名目で、離島や過疎地域など経済的・財政的に脆弱な地域のための特別な法律によって、特定の公共事業の補助率を他の地域よりきわめて高く設定する例外的な制度がありました。一九七二年の復帰に際し、沖縄全体がそれに該当する地域だと考えられたため、関連する制度や法律を一本の法律にまとめて、「沖縄振興開発特別措置法」の中に位置づけました。多くの国庫補助事業のうち、もともとは離島法や過疎法上の高率補助事業だったものが、「沖縄振興開発予算」という看板の中に組み入れられ、この部分に関しては、沖縄開発庁の大蔵省(財務省)への一括計上予算の一部となったわけです。他に国の機関が行う直轄事業もこの予算に組み込まれており、沖縄振興開発予算全体を「補助金」とみるのは誤りです。

沖縄振興開発特別措置法をはじめ、あらゆる公式文書の中には、基地の見返りとして高率補助が設定されたという文言はどこにも見当たりません。現在の沖縄振興特別措置法は二〇〇二年の施行ですが、それ以前の法律に基づく高率補助制度がそのまま引き継がれており、この法の制定時にもまた、基地の見返りであるという意味を含む公式文書は存在しません。

基地に由来する公害問題などに対処するための防衛省の補助金はあります。基地周辺地域の公共施設の騒音防止工事のための補助事業などですが、これは基地がなければ発生しない問題への対処です。防衛省の所轄する市町村への補助事業には、確かに基地の維持や新規建設への協力に対する見返りという色合いの濃い事業もあります。一九九六年に開始した「基地所在市町村活性化事業」と二〇〇六年に開始した米軍再編交付金事業です。前者は該当する市町村の閉塞性を打破するためといいますが、根拠が不明瞭です。後者は明らかに米軍再編への協力の態度にもとづいて配布することになっています。前者は一〇年間で一〇〇〇億円(年に平均すると一〇〇億円程度)、後者は二〇〇七〜一五年で、七四〇億円与えられていますが、沖縄県庁に対しては皆無です。

国から沖縄県内の自治体への財政移転全体を見ると、二〇一四年度決算ベースで全国一二位、人口一人当たりの国からの財政移転(国庫支出金+交付税交付金)は全国五位と、必ずしも沖縄県が突出している状況にはありません(岩手県・宮城県・福島県を除く順位、沖縄県HP参照)。

Ⅱ-③ 米軍が撤退したら基地で働く人は困るでしょう？

屋良朝博

米軍部隊の撤退を決めるのは米政府ですから、基地はある日突然なくなることもあります。基地に対する賛否と基地従業員の雇用確保は別次元の問題だということです。

沖縄の米軍占領が終わり、日本へ施政権が返還される直前のこと、米軍はいきなり従業員八四六七人に解雇を通告しました。米国の予算削減、施政権返還に伴う業務調整などによる人員整理のためでした。最終的に七〇〇〇人が一気に解雇されましたが、現在、沖縄の米軍基地で働く従業員は九〇〇〇人ですから、それに匹敵する数の従業員を、有無を言わさず首切りしたわけです。

冷戦終結直後から米軍は世界規模で編成・配置を見直し、その流れで沖縄の海兵隊の大幅削減が決まりました（米軍再編）。海兵隊基地の従業員は約四八〇〇人で、このうち再編で返還が決まった施設には約三七〇〇人の従業員（平均年齢四六・三歳）がいます。米政府は二〇二五年から三〇年をめどに海兵隊削減を進める予定なので、影響を受ける従業員の離職対策が今後の課題です。

基地従業員は日本政府に雇用され、米軍に提供される労働力です。雇用保障は日本政府の責任で、法的な保護措置はすでに用意されています。「駐留軍関係離職者臨時特措法」により職業能力開発校で職業訓練が無料で受けられるほか、離職者を雇用する事業主には給付金が支給され（雇用対策法）、また閉鎖された基地内の建物などを基地従業員が設立する法人に有利な条件で譲渡、貸与することも可能です（国有財産法）。さらに、離職者が自立を目指すための事業資金の融通あっせんに務める義務を国に課すなど、手厚い制度が用意されています。

米軍基地の撤去を主張した故・大田昌秀元沖縄県知事は、離職者対策として市町村が分担して基地従業員を雇用する対策を検討していました。大田県政は沖縄の労働人口六八万人の中に、基地従業員九〇〇〇人を吸収する方法はあると考えていたのです。

基地従業員は、定年退職などで毎年二〇〇人ほど自然減すると言われ、仮に五年間新規採用を止めれば一〇〇〇人のポストが空きます。そこに従業員を配置換えすれば米軍再編で影響を受ける人員の雇用調整も道筋が見えてきます。海兵隊削減計画が完了するまでの十数年間を活用し、自然減と現行の支援制度を組み合わせれば首を切らずに乗り越えることは可能です。ちなみに四八〇ヘクタールの普天間飛行場で働く従業員はわずか二〇〇人なので、一年分の自然減で対処可能です。

基地内雇用は米軍へのサービス提供のみで、物をつくり外貨を稼ぐ産業従事者ではなく、周辺から隔離され、地域経済との相乗効果はなく、雇用人員は日米合意で決められ増加することはありません。一九七二年の復帰前後に大規模な基地返還がいくつかあり、そこはいま商業地、観光地として活況を呈し、以前の何十倍も利益を上げています。那覇市新都心地区はかつて芝生が広がる米軍住宅地で、当時の基地従業員は一六八人でした。現在は返還跡地に大型スーパーやホテルが集積し、雇用は一万五五六〇人で九三倍増。ヘリコプター基地だった頃の北谷町ハンビー飛行場は従業員一〇〇人でしたが、観光商業地に変身し二〇〇〇人超が働いています。本島中部の米軍ゴルフ場だった場所に西日本最大規模のリゾート型イオンモールが建ち、中国、香港、韓国、台湾などから多くの観光客が訪れています。パートを含め約三〇〇〇人の新たな雇用が生まれました。

Ⅱ-④「軍用地主」って何ですか?

宮城康博

二〇一五年六月二五日、自民党の若手議員の勉強会で講師に立った百田尚樹氏は「基地の地主たちは年収何千万円。だから六本木ヒルズに住んでる。大金持ちだから彼らは基地なんて出て行ってほしくない。もし基地移転となったらえらいことになる」とまことしやかに発言しています。

これも事実を無視した度し難いデマの一つです。二〇一五年七月一〇日の政府の閣議決定(内閣衆質第三〇六号、http://www.shugiin.go.jp/internet/itdb_shitsumon.nsf/html/shitsumon/b189306.htm)によると、二〇一六年度末で、普天間飛行場の地主は三八九七人で、年間地料は七二億七三三七万三一一〇円です。一〇〇万円未満の地料を受け取る地主が二〇五六人で全体の約五二・八%。一〇〇万円以上二〇〇万円未満が八二一人で約二一・一%。細かい分類は省きますが、七三・九%という大多数の地主の年間地料が二〇〇万円未満であることがわかります。

さらに、中南部都市圏における米軍基地は、都市機能や交通体系などの面で明らかに阻害要因となっています。返還された軍用地の跡利用等では、返還前に比して雇用や直接経済効果で数十倍の効果が現れており、軍用地主が基地撤去・移転に反対していると断定することはできません。しかし、何故にこのようなデマが流布されるのか。そこには軍用地主という存在と沖縄の歴史と現状への無理解があると思います。

沖縄以外の日本国内の在日米軍基地の土地は、ほとんどが国有地ですが、沖縄では民公有地が七〇％と大半を占めており、このことが軍用地主の存在を生み出しています。他都道府県では戦前の日本軍の基地（土地）が在日米軍基地となりましたが、多くの沖縄の米軍基地は、沖縄戦時およびその後の米国の施政権下で、米軍が沖縄の人々の土地を強制接収して基地にしたからです。

沖縄県民は「基地のない島」を願い日本国憲法の下への復帰を目指しましたが、実際には一九七二年に施政権が日本に返還されたことで、米軍基地はそのまま日米安全保障条約に基づく日本国政府による米国への提供施設および区域となりました。政府は、軍用地に関する特別の法律を制定します。日本国憲法第九五条には「一の地方公共団体のみに適用される特別法は、法律の定めるところにより、その地方公共団体の住民の投票においてその過半数の同意を得なければ、国会は、これを制定することができない」とありますが、沖縄では復帰時の沖縄の土地に関するそれら特別法に関して住民投票は一度たりとも行われていません。

日本国政府は、土地の使用権原を得るため権利者（地主）と契約を締結するようになりますが、その地料は、一九七二年以降右肩上がりで上昇を続けています。さらに政府は、軍事基地に土地を使わせたくない地主から強制的に土地使用できる法律までつくります。日米安全保障条約体制の前では、日本国憲法で保障された財産権（第二九条）も侵害され続けているのです。

基地が所在する自治体においても、基地は地域づくりの妨げになる一方で、地料などの歳入が使途自由な一般財源として構造的に組み込まれており、それがなければ行財政に支障を来す財源になっている側面は否定できません。軍隊に土地を強奪され基地にされ、それが維持され続けることによって生じた矛盾が、いまも沖縄を苛み続けています。

Ⅱ-⑤ 普天間基地を県外移設するなら沖縄振興予算は返すべき？

島袋　純

沖縄振興予算と一般にいわれるものは、一九七二年から二〇〇二年の「沖縄振興開発費」、二〇〇二年から現在の「沖縄振興費」と呼ばれるものです。以前は沖縄開発庁が、現在は内閣府沖縄担当部局が各省庁の直轄事業及び補助事業をまとめてあげて、財務省に「沖縄振興予算」として、一括りにして算定計上します。

この仕組みは一九七二年以来現在まで続いていますが、沖縄だけではなく、そもそも北海道、小笠原諸島や奄美群島などの地域振興制度と同様な制度があったものを基盤として、沖縄振興開発計画の実現を図るための予算制度として導入された経緯があります。

国が定めた第一次沖縄振興開発計画（一九七二～八一年）の目的は、「本土との格差の早急な是正」「自立的発展の基礎条件の整備」「平和で明るい豊かな沖縄県の実現」であり、現在の五次計画（二〇一二～二一年）では、「潤いと活力をもたらす沖縄らしい優しい社会の構築」「日本と世界の架け橋となる強くしなやかな自立型経済の構築」とあり、沖縄の人々に米軍基地を受け入れてもらうための予算、あるいは米軍基地の代償という説明は、一切ありません。

そもそも国の直轄事業及び補助事業、県および市町村の事業をすべて含めた行政投資実績で、沖縄県は全国で一位になったことはありません。一人当たりの行政投資額も、復帰後およそ一

現行の米軍再編交付金と政府改正案

	現　行	改　正　案
対　象	18施設43市町村	18施設43市町村 + 都道府県，自治会
交付額	計約740億円 （2007〜15年度）	未　定

県内の対象施設・市町村と交付額

施　設	市町村	交付額（2016〜17年度）
キャンプ・シュワブ	名護市，宜野座村	40億3000万円 （名護市は10年度以降ゼロ）
キャンプ・ハンセントリイ通信施設	恩納村，宜野座村，金武町	15億7000万円
那覇港湾施設代替施設	浦添市	11億2000万円

※防衛省まとめ，16年度分は5月末時点

〇〜二〇位です。沖縄県が全国の米軍専用基地の七〇%以上を負担してきたことと比べて、特に優遇された国からの財政移転ということはできません。まったく米軍基地がない府県で、沖縄より常に上位にあったところがいくつもあります。

普天間飛行場は、在日米軍専用施設・区域の約二%程度であり、それが沖縄県外に移転されたとしても、嘉手納基地などその他の米軍施設のほとんどがそのまま残ることになります。現在の七一%から六九%になるだけで、過剰な基地負担が解決されたとは言えない状況です。

嘉手納飛行場以南の土地の返還

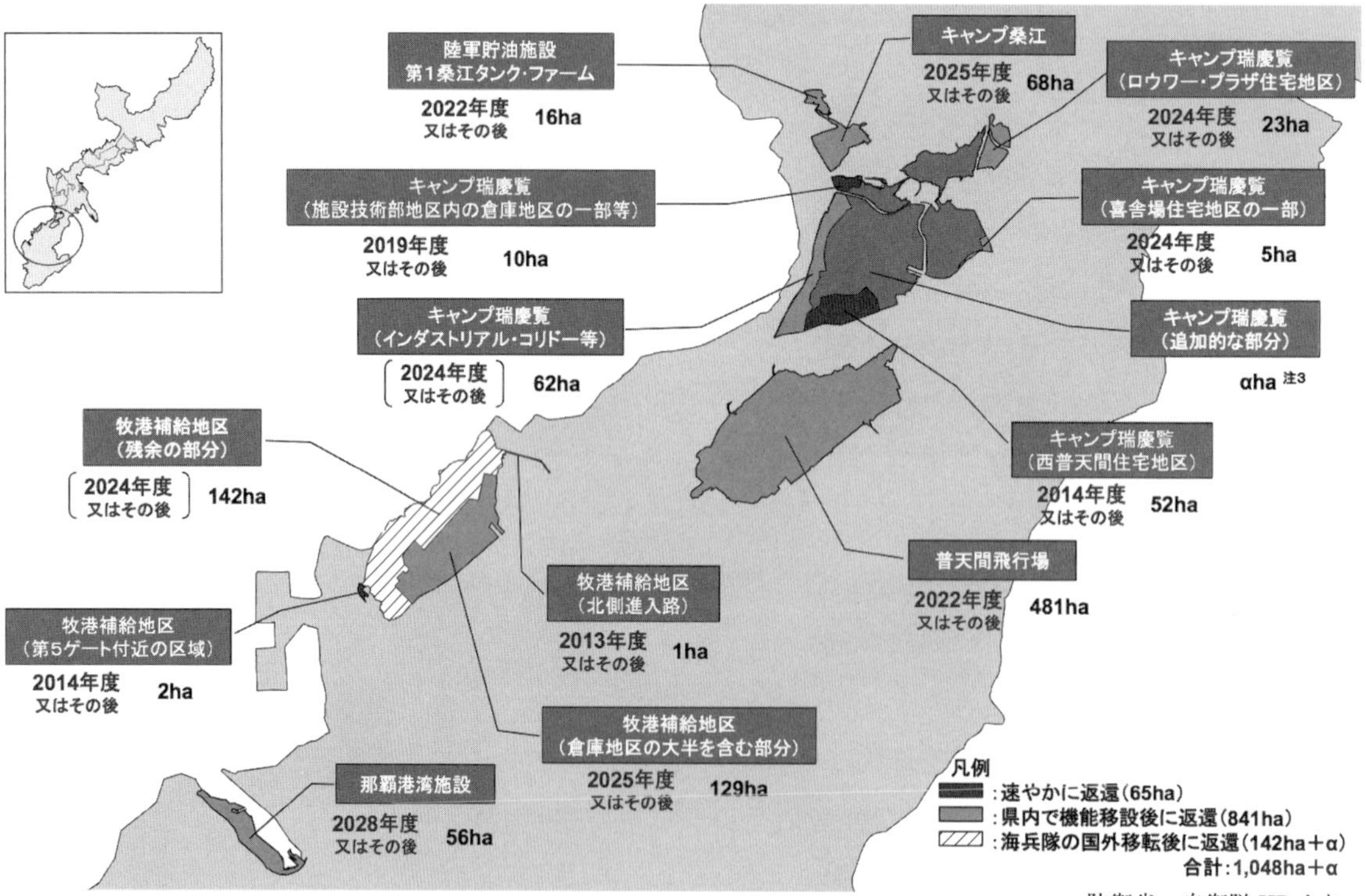

防衛省・自衛隊 HP より

Ⅲ章　ほんとうは恐ろしい日米安保と地位協定

沖縄県東村高江に墜落，炎上した米軍 CH53 大型ヘリコプター
(2017 年 10 月 12 日，共同)

Ⅲ-① 沖縄に米軍がいないと中国や北朝鮮が攻めてくる？ 星野英一

こうしたうわさがまかり通るのには、いくつかの誤解が絡み合っています。

第一に、沖縄の人々が何を要求しているのかについて、理解されていないことです。今、沖縄の大多数が反対しているのは、海兵隊普天間飛行場の代替新基地を辺野古に造るという計画に対してであり、「すべての米軍を撤退させよ！」と要求しているわけではありません。在日米軍基地(専用施設)の七割が沖縄に集中している状況が、六割強に減る程度のささやかな要求です。

二〇一六年の元米軍属による女性暴行殺人事件の後、「すべての海兵隊を撤退させよ！」との声も高まっていますが、この要求が実現すれば、現在沖縄にいる米軍人の六割がいなくなるので、日米両政府がよく口にする「負担軽減」を多くの県民が実感することになるでしょう。しかし、この場合でも東アジアにおける最大規模の米空軍基地である嘉手納空軍基地は存続します。

第二に、抑止力についてのいくつかの誤解があるようです。まず、抑止力とは、力と意志とその伝達(力と意志が相手に正確に伝わっているかどうか)によって、効果が変わってきます。

（1）力が大きいほど抑止力も大きい。これは多くの人が理解していますが、小さな脅威に対して極端に大きな力を用意している場合、たとえば小さな島への上陸・占領の脅威に対して核攻撃をちらつかせるなど、あまりにもバランスのとれない「脅し」は本気度が疑われてしまいます。

（2）力の種類についても注意を払うべきでしょう。「抑止力として沖縄に海兵隊が必要だ」という言説がありますが、たとえば中国は、海兵隊が即応戦闘部隊ではないことを承知しているので、海兵隊が沖縄にいるかどうかは、中国の軍事戦略にほとんど影響ありません。中国が恐れているのは米国の海軍・空軍ですから、海兵隊必要論は誤解に基づいていることになります。

（３）大きな力を持っていても、反撃の意志のないところに抑止力は発生しません。小さな力でも反撃の意志が確実にある方が、抑止力に意味が生まれるのです。ミサイル危機に際して米国務長官が東アジアに出向いて「米国は同盟国を守る」と発言するのも、「沖縄から海兵隊を撤退させると相手国に間違ったメッセージを送ってしまう」という議論も、ここに関わっています。逆に言えば、たとえ沖縄から海兵隊を撤退させたとしても、明確な反撃の意志が表明されていれば、そしてそれが正確に伝達されていれば、抑止力がなくなってしまうわけではないのです。

第三に、相手の意図に対する誤解です。中国や北朝鮮は日本を攻撃することでどんな利益を得ようとしているのでしょうか。尖閣諸島をめぐる日中間の対立の背景には、意見の違いを棚上げにするという一九七二、七八年の暗黙の了解が、国有化により日本側から一方的に破棄された事実があります。ただし最近の尖閣をめぐる出来事を観察していると、この了解が再び交わされたように思われます（中国の意図についてはⅤ-③も参照）。北朝鮮の核・ミサイルのターゲットは米国です。東アジアの米軍一〇万人のうち約四万人が韓国に展開されていて北朝鮮の脅威であり、統治体制維持のためには核・ミサイルが必要だと考えるからです。自ら米軍に攻撃をしかけることはないでしょうが、追いつめられて沖縄や日本の米軍基地を攻撃する可能性は捨て去れません。「米軍が手を出したので北朝鮮のミサイルが飛んでくる」が現実味のある脅威なのです。

Ⅲ-② 沖縄は地理的に重要な位置にある?

屋良朝博

日本政府はオウム返しに沖縄の地理的優位性を強調します。北朝鮮が大陸間弾道ミサイル（ICBM）を保有する時代だというのに、ずっと同じ説明を繰り返しているのです。

沖縄は南西諸島のほぼ中央にあり極東の潜在的紛争地域から「近いまたは近すぎない」位置にあり、シーレーンにも近く、日本の安保上の戦略的見地からみた地理的優位性を有している。その沖縄に即応力、機動性に富む海兵隊がひとかたまりで駐留することが日本の防衛だけでなく、アジア太平洋全体の平和と安定に不可欠である。こうした検討を行えるのは国以外にはない」（辺野古訴訟、政府訴状、二〇一五年一一月一七日）

「地理的優位」は比較対象が必須ですが、どこと比較して沖縄に優位性が認められるのかが明示されていません。「極東の潜在的紛争地域」とは一般的に朝鮮半島と台湾海峡を指しますが、この主張を検証するため、平壌と台北からの距離を他の場所と比較してみましょう。沖縄から平壌は一四一六㎞、沖縄と台北間は六四五㎞。この距離が台湾とは「近くて」、北朝鮮からは「近すぎない」ということでしょうか。海兵隊を運ぶ艦艇がある長崎県佐世保から平壌は七四〇㎞、佐世保と台北間は一二〇〇㎞。この二つの距離の合計は、なんと佐世保の方が沖縄よりも短いのです。自衛隊のオスプレイ配備計画がある佐賀県は平壌までが七七〇㎞、台北が一二三二㎞。こちらも距離の和は沖縄より短く、潜在的紛争地域からの距離において沖縄の優位性は確認できません。

尖閣諸島については、島の防衛は空軍、海軍が制空権、制海権を確保することが肝要で、上陸部隊である海兵隊に出番があるとすれば戦闘後半の制圧段階なので、地理的な「近さ」はさほど重要ではありません。ちなみに尖閣防衛を担う自衛隊の普通科連隊は長崎県に配備されています。

次に機能的な見地から検証しましょう。政府は、「即応力、機動性に富む海兵隊が沖縄に一かたまりで駐留することが日本の防衛だけでなく、アジア太平洋全体の平和と安定に不可欠」だといいます。なんとも誇張した表現ですが、沖縄駐留の海兵隊だけでは戦争はできません。戦争になると海兵隊は二個遠征軍(計九万人)を投入しますが、沖縄駐留の一万八〇〇〇人は有事戦力として少なすぎるので、戦時には米本国から本体部隊が大挙来援することになっているのです。

しかも部隊を動かす輸送艦や大型輸送機は沖縄になく、佐世保に二〇〇〇人を輸送できる強襲揚陸艦隊があるだけです。沖縄が地理的に重要で機動性に富む海兵隊が配置されていたとしても、移動手段がなくては張り子の虎にすぎません。政府説明は基本的なファクトを無視しています。

一九九六年の普天間返還をめぐる日米交渉時の国防長官ウィリアム・ペリー氏が二〇一七年に沖縄を訪れ地元紙のインタビューに応じ、移転先を名護市辺野古とした日米合意について「安全保障上の観点でも軍事上の理由でもない」と明かして、「米国がここに移設しなさいと決定する権利はない。日本政府の政治判断だ」と証言しました。また英国人ジャーナリストのジョン・ミッチェル氏が情報公開制度で海兵隊から入手した資料には、「政府と沖縄はここ二〇年来基地をめぐり対立が続いている。中央政府は米軍部隊と基地を沖縄に置きたがっている(なぜなら代替地を本土で探せないからだ)」とあります。沖縄に基地を押し付けるのは日本の政治判断のようです。

Ⅲ-③ 辺野古基地に反対するとアメリカとの関係が悪くなる？　佐藤　学

「日米間の取り決めを遵守しないと日本が信用されなくなる」「海兵隊の基地を沖縄に造れないと、日米同盟が揺らぐ」「辺野古が中国に対抗する日米軍事同盟のカギ」。このような言説が横行しています。しかし日本では、自分たちに都合よく米国の対日政策、対日外交方針を想定し、その勝手なイメージに合わせて、しばしば米国との良好な関係を保つためと称して、国内政策を形成します。沖縄の反対の声を潰す理屈に使われているのも、同じものです。

当面続くであろうトランプ政権の下、米国の外交・安保政策は、国内支持者受けを最大の決定要因とした、場当たりのものになりました。トランプが何に価値を見出すかわからない中、「辺野古を造っておけば米国をつなぎ止められる」といった安易な期待はすべきではありません。

トランプ大統領と白人勤労者階層の支持者にとり、日本と中国の区別は付いていません。日本がいくら沖縄と自衛隊を貢いでも、米国のために日本国内の反対を押し切ってゴリ押ししてきたはずのTPP（環太平洋戦略的経済協定）から、トランプは選挙公約通りに簡単に離脱しました。

オバマ政権まででも、米国が尖閣で戦争しないことは明瞭であることはⅠ-①で説明した通りです。しかし、日本で勝手に募らせてきた「在沖海兵隊がオスプレイに乗って尖閣に戦争に行ってくれるはず」という根拠のない期待に応えなければ、米国はアジアの軍事同盟相手国の信用を失います。アジアの国々は、台頭する中国と現在までの覇権国である米国の間で自らに最善の位

置に立つための バランスを見出す努力をしています。米国が尖閣をめぐり中国に軍事的な対応をしなければ、そのバランスは一気に崩れるでしょう。他方、中国と尖閣で戦火を交えれば、その紛争はどこで歯止めがかかるかわかりません。南シナ海の状況も同様です。

トランプ大統領の「アメリカ第一主義」からは、米国の国内製造業雇用を奪った中国を軍事力で叩き、対中国経済封鎖で中国経済を痛めつければ、国内支持層に強力に訴えることになります。しかし、トランプ大統領のもう一つの支持層は金融資本です。かれらが経済上の叩き合いになる対中軍事対決を望むことはありえません。そうなるとトランプの米国が、日本に代理戦争をさせる結末が明瞭に見えてしまいます。米国が軍事的に後押ししてくれると信じて中国と一戦交えて、その軍事支援がなかったら、日本はどうなるのでしょうか。

北朝鮮の核ミサイル問題に対し日米の連携を強める上でも辺野古が重要と言われますが、トランプ大統領がやったのは中国を持ち上げて北朝鮮に圧力をかけさせることでした。しかし中国の北朝鮮への影響力は彼の期待より小さく、また根本的に中国は北朝鮮の政権崩壊を望みません。北朝鮮の政権崩壊が韓、日、中への甚大な財政的、経済的負担を生むことはわかり切っています。

こうした状況の中で、辺野古に基地を造ることに何ほどの意味があるのでしょうか。本来、自国予算で整備しなければならない海兵隊航空基地を日本の金で造らせることができる、というアメリカにとって「お得な話」に過ぎない小ネタが、日本の命運を握るかのように話が盛られているのです。「辺野古に反対したらアメリカとの関係が悪くなる」のではなく、「辺野古を造ろうと造るまいと、アメリカは自らの利益を最優先にして行動する」のです。

Ⅲ-④ 日米地位協定って何を決めているの？

屋良朝博

「日本国とアメリカ合衆国との間の相互協力及び安全保障第六条に基づく施設及び区域並びに日本国における合衆国軍隊の地位に関する協定」。つまり、日本に駐留する米軍の法的地位、権利義務について規定しているのが地位協定です。

全部で二八条あるうちの多くが免除規定で、米軍を日本の法規制で縛ると動けないから国内法の適用除外を設けています。たとえば、出入りの多い部隊が出入国でパスポートにスタンプを押していると緊急時に対応できないから入管手続きなしでもいいようにしてあげるわけです。他にも課税免除、航空法適用除外、米運転免許証の承認など、日本の免許を持たずに運転したり、税金を滞納すると普通は罰を受けますが、それを免除される特別な地位を確保してあげているのが「地位協定」です。沖縄県の嘉手納基地、東京都の横田基地、神奈川県の厚木基地、山口県の岩国航空基地、青森県の三沢基地などの米軍飛行場では、離着陸する軍用機は弾薬、火器を搭載して飛行します。日本の航空法を適用するとすべて違法行為です。嘉手納では戦闘機が編隊飛行しますが、これもご法度です。そこで、軍用機が飛べるように法規制を外してあげているのです。

米軍が管理するこれらの飛行場は、国内法で定める国土交通大臣認可すら不要なので、厳密に言えば「飛行場」ではありません。だから周辺建造物の高さ規制もなく、滑走路の両端に設置される安全地帯もなく、住宅地がフェンス周辺にへばりついています。米軍飛行場は内外とも規制の網がかかっていない空白地帯です。全国の米軍飛行場で周辺住民が「爆音訴訟」を起こし、飛行差し止めを求めていますが、米軍は国内法に縛られないため裁判所も裁けません。裁判は爆音被害の賠償が認められ、日本政府が私たちの血税から支払うことになっているのです。

地位協定がクローズアップされるのは、米軍人による事件・事故が起きた時です。一九九五年に沖縄で少女暴行事件があり、米軍に身柄確保された容疑者を日本の警察が取り調べる際、米軍基地から警察署に護送させる任意の調べが続きました。地位協定第一七条に身柄引き渡しは起訴時、と規定されているからです。日本人であれば容疑がかかると留置場（いわゆる代用監獄）に入れられ、何時間も厳しく取り調べられるのに米軍は特別扱いされている、との不公平感が国民に広がり、日米両政府は強姦、殺人の凶悪犯罪の場合に限り、捜査段階でも米兵容疑者の身柄引き渡しについて米国が「好意的に配慮する」ことで合意しました。国際基準は「起訴時」ですが、日本は若干早く身柄を取れるようになったのです。ちなみにドイツは「判決後」と、ずっと後です。

地位協定において外国軍の自由裁量をどれだけ認めるかは、受入国の主権に関わる重大な問題です。日本は第三条で管理権を米軍へ完全委譲しているため、住宅密集地で夜間にジェット機やオスプレイが低空飛行しようと、政府は米軍に何も言えない仕組みになっているのです。日本と同様に米軍を受け入れているドイツやイタリアは、地位協定の他に補足協定を結び、管理権をしっかり行使しています。イタリアは自国軍の基地を米軍が間借りしている状態にしてイタリア軍の基地司令官を置き、飛行場は滑走路の使用時間を決め、基地司令官が毎回飛行計画をチェックし、離着陸回数や飛行ルートまでも厳格に守らせています。地位協定問題の本丸は管理権にあるのです。

Ⅲ-⑤ 日本を守っているのだから米軍に特権があるのは当然?

星野英一

ここでも、いくつかの誤解をとかなくてはなりません。

第一に、「米軍が駐留しているのは、日本を守るため?」というⅠ-①の議論を振り返って下さい。その上で二つ目の誤解を検討しましょう。

第二に、日本は米軍に守ってもらっているだけで、それに値する便宜を供与していない、固い言葉で言えば、日米安保条約は片務的な取り決めだというのは間違いです。確かに、「米軍に日本防衛の義務はあるが、自衛隊に米国防衛の義務はない」という意味で、非対称的な条約ではありますが、日本は米国に対して基地を提供しています。最近では条約に定めのない「思いやり予算」まで使って、米軍に東アジアの戦略拠点を提供し、世界戦略のための便宜を図っているのです。米国がフィリピンでの基地利用に関して支払いをしていたのも、利用する必要があったからです。この条約が互恵的な性格のものであることを、押さえておきましょう。

第三に、その上で、外国に軍隊が駐留する時には特別な取り決めが必要になるわけですが、それは駐留軍のあらゆる行動を自由にする必要があるわけではない、ということです。米軍が日本の国内法を守ると軍隊として機能しなくなるからといって、米軍が日本の国内法を無視する無法者であっていいわけではありません。そこでは、両者のバランスが問題となります。したがって、日本の法律の適用を免除する日米地位協定についても、Ⅲ-④で書かれているような内容が、バランスのとれた適切なものとなっているかどうかが問題となります。

このバランスについて、一般に、駐留軍はできる限り行動の自由を確保しようとし、基地提供国側は主権を行使し、コントロールの余地を広げようとします。その結果は両国の力関係や声の大きさによって決まってくると考えることができます。実際に、諸外国に駐留する米軍の地位協定のあり方を比較してみると、英国やイタリアは基地の管理権を手放していません。たとえば、イタリアは軍用機を飛ばす回数や時間帯などを細かく規制しています。ところが、主権意識が弱いためか、政府が弱腰なせいか、日本では米軍の航空機はやりたい放題です。

Ⅲ-④にも書かれているように、日本側に基地の管理権がないため、米軍側が、早朝や夜間の飛行は控えると約束しても、民間地上空の飛行は避けると約束しても、その約束は守られることはなく、日本政府は米軍にそれを守らせることができません。また、米軍の航空機が墜落したり、事故を起こしたりした場合でも、日本政府は事故原因の究明に直接関わることはできず、米軍が点検を終了し、問題は解消されたと主張すれば、たとえ墜落や事故の直後であっても、日本政府はただそれを認めるだけなのです。

しかし、これを「当然」ということはできません。日本は特権を与え過ぎているのです。米軍を自国の安全保障政策に利用する意図はどの同盟国も同じなのでしょうが、日本政府の主権意識の希薄さが地位協定の運用に現れているのです。

これでは日本国民の人権が米軍の特権の犠牲になってしまいます。

Ⅲ-⑥ 米兵の犯罪は大げさに報道されているだけ？

佐藤　学

在沖米軍の存在を擁護する人たちはしばしば、「米軍人・軍属による凶悪犯罪発生率は、沖縄県民よりも低いにもかかわらず、沖縄の報道機関や市民運動は少数の事件をことさらに取り上げて反基地世論を煽っている」と主張します。また、二〇一六年五月の元軍属による女性殺人・死体遺棄事件後に、沖縄県内の若者の間では「犯罪を起こすのは個人の軍人なのに米軍全体を問題視するのは偏った反米軍思想を押し付けようとしている」という見解も相当広く共有されました。

これらの見方が沖縄県内ですら広がってしまう理由として、①沖縄における人権の状況がどうだったかの歴史的事実を知らない　②とりわけ女性に対する性的暴行事件がどのような性質を持つかについての無知　③米軍内での性的暴行事件について日本でほとんど報道されておらず知られていない、ということが挙げられます。

沖縄が米軍占領・施政下にあった沖縄戦後の二七年間、沖縄「県民」の人権は、日本国憲法にも、米国憲法にも保障されていませんでした。実は、沖縄がいつ大日本国憲法および日本国憲法から「切り離された」かについては、この「通説」では済まされない経緯がありますが、ここでは便宜上こう記述します。基本的人権が守られない状況で、一方的な強者であった米軍が、とりわけ弱い立場にあった女性をどのように扱ったか。沖縄県民には、この時代の鮮明な記憶を持っている人たちもまだ数多くいます。復帰前を知る県民にとり、米軍関係者による凶悪犯罪は、生々しい歴史の記憶を呼び起こすことを忘れるべきではありません。加えて、性的暴行被害者となった女性が、社会的圧力により被害を言い出せないのは日本も米国も同じです。性的暴行事件の被害者数は、公式の記録よりもはるかに多いと考えるのが、日米共通の常識なのです。

そのことを逆から証明するのが、米国防総省の性的暴行防止・対処局(Sexual Assault Prevention and Response Office SAPRO)と、その年次報告書の存在です。SAPROは、米軍組織内での性的暴行事件、すなわち加害者も被害者も米軍人という性的暴行事件の多発に苦慮した国防総省が、二〇〇四年に設立した部署です。最も大規模な調査結果である二〇一五年版によれば、一年間で、米軍人の約二万三〇〇〇人が性的暴行の被害を受け、うち女性が九六〇〇人です。この数は、米軍の女性兵士の四・九%に上ります。つまり、一年間に女性兵士の二〇人に一人が軍の中で性的暴行の被害に遭っているのです。SAPROは、「これまでにない広範な調査をした、それは、正式の被害届数よりはるかに多くの被害者がいることが明瞭だからだ」と述べています。そして、個人の犯罪であろうと、組織としての米軍が軍内部においても性的暴行事件を抑えられていない深刻な実態から、多数の米軍人が地域社会にいる沖縄で、「再発防止」が不可能であることは明らかでしょう。これは米軍にとっても重大な問題なのです。

また、「在沖米軍による慈善活動が報道されない、不公平だ」と主張する人もいます。しかし、そもそも米国は、財政難のために沖縄の民生に予算を使えなくなったから、日本に沖縄の施政権を返還したことを想起すれば、在沖米軍が慈善活動や親善活動を宣伝するのは、単なる印象操作であることに考えを至らせてほしいものです。

Ⅲ-⑦ 思いやり予算って何ですか？

星野英一

Ⅲ-④に書かれているように、日米安保条約の第六条により、日本政府は米軍に基地を提供していますが、その在日米軍の地位に関する協定（日米地位協定）の第二四条で、駐留する米軍の経費の負担分担について定めています。日本政府は「施設及び区域」つまり基地の提供に必要な経費を負担し、これを除く軍隊を維持することに伴うすべての経費は合衆国政府が負担する、というものです。ですから、軍用地料、周辺対策費、提供施設移転費は日本が、軍雇用労働者の給与、光熱水費などは米国が支払っていました。

ところが、ベトナム戦争に伴う米経済の疲弊、日本の経済成長に伴う物価・賃金の上昇、そして一九七〇年代に進んだ円高ドル安のため、駐留軍労働者の賃金改定交渉が行き詰まりつつありました。これらを背景に地位協定第二五条に定められた日米合同委員会は、一九七八年四月から日本人従業員の給与の一部（六二億円）を日本側で負担することに合意しました。

この地位協定の拡大解釈について、当時の金丸信・防衛庁長官が、「思いやりの立場でできる限りの努力を払いたい」などと答弁したことから、在日米軍駐留経費のうち軍隊の維持に伴う経費の日本側負担が「思いやり予算」と呼ばれるようになったのです。

その後も米側の増額要求があり、思いやり予算は膨れ出しました。在日米軍労務費特別協定が締結され、一九九〇年度には労務費の日本側負担は一〇〇％に達しました。加えて、一九九一年

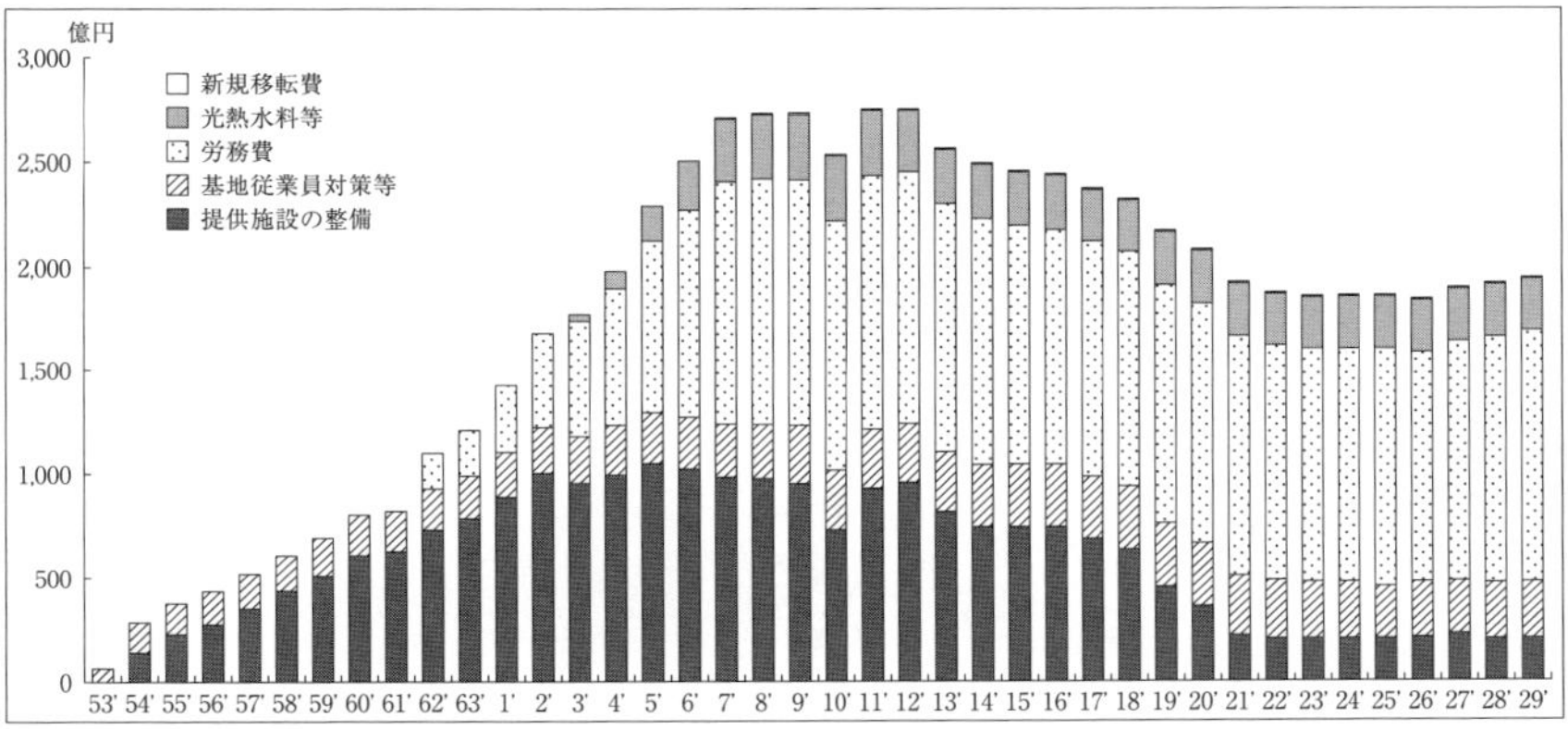

「思いやり予算」の推移（防衛省資料「在日米軍駐留経費負担の推移」より）
http://www.mod.go.jp/j/approach/zaibeigun/us_keihi/suii_img.html

には、これに代わって駐留経費特別協定が結ばれ、日本側負担は光熱水料にまで拡大しました。さらに、一九九六年には米軍事訓練移転費の負担も追加されました。現在では、地位協定の拡大解釈によって、家族住宅、学校、診療所、レクリエーション施設の建設費まで日本側で負担しています。

思いやり予算は、公式には「ホスト・ネーション・サポート（駐留国受け入れ支援）」と言われますが、米国防総省の統計は「共同防衛に対する同盟国の貢献」と題された報告にまとめられています。最新の二〇〇四年版によると、二〇〇三年の日本の米軍駐留経費負担額は、四四億一一三四万ドルと群を抜いて多く、米国の他の同盟国二六カ国を合わせた分よりも多くなっています。

さらに、駐留する米兵一人当たりで計算すると、日本は一〇万六〇〇〇ドルと、イタリアの三・八倍、韓国、ドイツの四・九倍です。そして、米軍駐留経費に占める負担額の割合も、日本が七四・五%と二位のサウジアラビアよりも一〇%多く、イタリア、韓国、ドイツよりも三〇~四〇%多くなっています。米政府・軍の高官などが「日本はどの同盟国よりも気前がいい」と評価しています。

防衛省の統計によれば、思いやり予算の総額は、一九七八年の六二億円から一九九九年の二七五六億円にまで膨れ上がり、その後減少していますが、二〇一〇年以降は一八〇〇億~一九〇〇億円の水準が維持されています。

最後に、思いやり予算の問題点の一つは、この予算で基地内の生活環境が改善されていることです。住み心地の良い基地は家族赴任を増加させ、住宅・学校などの生活関連施設の需要を増やし、思いやり予算をさらに肥大化させる悪循環を生みかねません。

もう一つのそして最大の問題点は、日本政府の気前がよすぎることです。米国が海外の基地を縮小しようとした時、安全保障環境の違いを別にすれば、どうしても日本からの撤退は最後の選択肢になります。逆に言えば、在日米軍に気前よく予算配分をして国内に引き止めておくことが日本政府の安全保障政策であり、その象徴がこの思いやり予算なのだということです。

Ⅳ章　海兵隊のおしごと

米比共同演習「バリカタン」の人道支援プロジェクトで，フィリピンの小学校を修繕する米比両軍兵士ら
(2017 年 5 月 1 日，パナイ島タパズ)

Ⅳ-① 海兵隊ってどういう軍なんですか?

屋良朝博

海兵隊の起源は海軍艦艇の警備員です。まだ帆船の時代、海軍はオールの漕ぎ手を八方の港で探して船に乗せました。中には乱暴者もいて、船長を殺害する事件などが起き、そうした船の治安警備が海兵隊の最初の役割でした。戦闘になるとマストに登り敵艦船を狙撃。映画『パイレーツ・オブ・カリビアン』に船同士がぶつかり合って戦うシーンがありますが、そんな接近戦で先込め式の銃で敵兵を撃ったのが彼らでした。

米国海兵隊は、独立戦争時の一七七五年に発足しました。海軍の発足に合わせ、英軍に倣って海兵隊も併設したのです。海軍艦艇で敵陣地へ近づくと小舟に乗り換えた海兵隊員が夜陰に紛れて砂浜から上陸し、弾薬庫や食料庫に火を放つなど奇襲作戦を得意としていました。ところが独立戦争に勝利した新生アメリカ合衆国は、戦費による財政圧迫で国防費削減のため、海軍・海兵隊を解体させます。そもそも大陸国家であり、海外へ覇権する必要がなかったため陸軍だけを残したのです。そんな起源を持つ海兵隊にはその後も不要論が付きまとい、今も尾を引いています。

海兵隊は海軍の下部組織で、予算は海軍から回してもらっています。米軍総兵力は一三二万人、うち陸軍四六・二万人、海軍三二・九万人、空軍三一・八万人、最小の海兵隊一八・四万人です。

沖縄戦やベトナム戦争、湾岸戦争など過去の主な大規模紛争で米軍は五〇万人の兵力を投入しています。このうち湾岸戦争で海兵隊は九万三〇〇〇人を派遣しており、戦闘兵力の構成比は一八％でした。全体から見ると海兵隊は〝小ぶりな上陸部隊〟です。

伝統的な戦法は海軍艦船で移動し、敵国の海岸に上陸作戦を仕掛けて敵を撹乱、沿岸に陣地を確保する。港や飛行場を押さえ、陸軍の大軍を迎える。ベトナム戦争時にヘリコプターが実戦配備されてからは、海軍艦艇の甲板からヘリで敵地を直接攻める「空陸一体作戦」を構築しました。

陸軍はいったん動き出すと破壊力があるが、即応性に欠ける。その隙間で海兵隊は存在意義を見出したのですが、海から上がれば陸軍同様の陸上兵力になるため、「第二陸軍」と揶揄《やゆ》されてきました。海から沿岸部までを主要な活動領域とする水陸両用部隊はずっと存在意義を問われ続け、陸軍出身の大統領の中には「海軍付けの警備員、鼓笛隊にすぎない」とこき下ろし、解体寸前の危機が幾度もありました。太平洋戦の「硫黄島の戦い」で星条旗を擂鉢山に打ち立てた勇姿が全米を歓喜させたのも束の間、終戦直後には「核時代に砂浜を駆け上がる部隊が必要か」と、不要論がつきまとい、冷戦期の強襲上陸部隊は活路を見出せないでいました。

ところが、ベルリンの壁の崩壊とともに海兵隊の特性を発揮できる時代がついに幕開けしました。国防費の大規模な削減から組織を守るため新時代の戦略を練り、海軍、海兵隊は一九九〇年代に複数の戦略ドクトリンを続けざまに発表し、海洋兵力の重要性を強調しました。空母や巡洋艦が大洋で覇を競った冷戦型の態勢を切り替え、世界各地の首都や産業拠点が集積する沿岸地域での任務・役割をアピールしたのです。国家同士が衝突する大規模紛争が起きる確率は低くなったものの、小規模紛争、テロとの戦い、人質奪還作戦、麻薬取引監視、人道支援、災害救援などの〝新ビジネス〟に軍隊は手を広げています。ようやく海兵隊に出番が回ってきたのです。

Ⅳ-② 海兵隊は沖縄で何をしているの？

屋良朝博

海兵隊は在日米軍の最大兵力ですが、具体的な活動はほとんど知られていません。日本政府は対中、対北朝鮮への「抑止力である」の一辺倒。米政府は「日本防衛とアジアの安定」のためと抽象的な話ばかりです。

在沖海兵隊兵力は一万八〇〇〇人。海兵隊は編成規模ごとに対処任務が決まっており、沖縄の兵力では戦争はもとより地域紛争にも対応できません。いざ戦争となれば海兵隊はフル動員の約九万人を投入しますが、小規模な地域紛争でさえ旅団一個規模一万五〇〇〇人は必要です。旅団一個を動かすには強襲揚陸艦一五隻の輸送力が必要ですが、在沖海兵隊を運ぶ船は長崎県佐世保の艦艇三隻（収容二〇〇〇人）だけ。兵力は足りず、動けないのが沖縄の海兵隊なのです。

仮に、フィリピンでゲリラ戦が激化し、同国の要請に基づいて米軍が出動したとします。沖縄から海兵隊が緊急展開しますが、数が足りないためハワイの海兵隊基地からも来援。戦況に応じて必要ならカリフォルニアの基地からも増派します。戦争となれば陸海空軍も総動員され、何十万という兵力が動きます。朝鮮有事であれば一九五〇年の朝鮮戦争と同様、九州に前線拠点を置き、米本国から数十万の大軍が起動して、日本列島が前線基地になり得るはずです。

ただ冷戦終結後の現在、戦争は時代遅れになったとも言われ、有事には米本国から大挙来援する態勢がある中、沖縄の海兵隊はいったい何をしているのでしょうか。

冷戦後、米国の国防予算は縮小が続き、在沖海兵隊も米軍再編で大幅削減が決まりました。司令部と小ぶりな機動部隊「第31海兵遠征隊」(31ＭＥＵ)だけを残して、主要部隊はグアムやハワイ、豪へ退き、戦闘力は現在の約四分の一に減る予定です。ＭＥＵ(海兵遠征隊)は兵力二〇〇〇人で、戦闘力は八〇〇～一〇〇〇人の上陸大隊を軸に航空部隊約五〇〇人、後方支援部隊約三〇〇人で編成されています。もはや戦争を前提にした規模ではなく、任務は武力紛争以前の事態、たとえば紛争地での人質救出、不審船の臨検のほか人道支援、災害救援、麻薬対策などに限定されます。

沖縄の31ＭＥＵは佐世保の艦艇でアジア太平洋を巡回し、同盟国、友好国との訓練や人道支援や災害救援を盛り込んだ多国間共同演習を積極的に実施しています。こうした活動を通して諸国軍の信頼醸成につなげ、米国のプレゼンスを強める狙いもあります。米軍は人道支援や災害救援をテロ対策とも位置づけています。テロリストが潜伏しそうな山間部での民生支援で人心をつかんでテロの根を絶ち、大規模災害では緊急救援を行い政情不安を防ぐ。テロ対策も意識しながら実施される人道支援・災害救援の共同訓練のニーズが、いまアジア太平洋で高まっています。

近年は中国軍も常連で、二〇一三年にフィリピンで実施された米比共同訓練「バリカタン」の災害救援机上演習に初参加し、一四年の米タイ共同訓練「コブラゴールド」から本格参加しています。一七年の「コブラゴールド」ではインド軍工兵隊とともに、タイ山間部の小学校に教室を建設する人道支援活動を実施するなど、国境紛争を抱える中印両軍の協力が実現しているのです。

戦う準備だけが安保ではありません。ＭＥＵに縮小する在沖海兵隊はソフトパワーを軸とした安保装置をアジア全域で構築する役割を担い中国を含む各国と米国の軍事交流を展開しています。

Ⅳ-③ 空陸一体の部隊だから沖縄にまとめる必要がある？ 屋良朝博

部隊をまとめて配置することと、それが沖縄である必要性とは別問題であり、そこに「地理的優位性」を絡めて論じるのは大きな勘違いです。

「空陸一体」。海兵隊の専門用語でMarin Air Ground Task Forceと書き、頭文字MAGTAFを「マグタフ」と発音します。日本語では「海兵空陸任務部隊」と表記します（在日海兵隊HP、http://www.okinawa.usmc.mil/units/Units.html）。

海兵隊のオフィシャルな説明によれば、「マグタフでは遠征兵力をあらゆる有事、危機、紛争に対応できる規模で提供でき、単独の指揮官によって全ての軍事行動の指揮および調整は行われます。マグタフは空または海から、あるいはその両方から迅速に展開するため、任務に応じて編制され、どんな任務であっても展開可能な四つの部隊要素で構成されています」。

四つの部隊は、司令部、陸上部隊、航空部隊、兵站部隊。これらを組み合わせて三種類のマグタフを編成します。大規模紛争（戦争）であれば海兵遠征軍（Marin Expeditionary Force/MEF）を編成し二万人から九万人を動員。武装勢力が相手の小規模紛争では、MEFより一つギアを落として海兵遠征旅団（Marin Expeditionary Brigade/MEB、七〇〇〇～一万五〇〇〇人）が編成されます。紛争以前の平時における任務には、Ⅳ-②で述べた最小規模の海兵遠征隊（MEU）が対応します。

海兵隊の四部隊は米本国西海岸のペンドルトン基地（カリフォルニア州）、東海岸のレジューン基地（ノースカロライナ州）、そして沖縄の三拠点にそれぞれ配置されています。各部隊は通常、基地で訓練し、いざ任務を帯びて遠征、出撃するときにマグタフを編成する、という流れです。「任務」の大小によって部隊を組み合わせることができるため、陸海空軍にはない機動性、即応性が海兵隊の〝売り〟です。建築業者が大型工事から住宅建築、定期メンテナンスを請け負い、仕事によって大型クレーン車から軽トラックを使い分けて作業態勢を変えるのと似ていますね。

沖縄駐留の海兵隊は一万八〇〇〇人ですから、地域紛争に対応するMEBを編成するには装備と人員が足りず、単独で編成可能なマグタフはMEU規模に限定されます。佐世保の米海軍基地に配備されている強襲揚陸艦三隻に乗り、アジア太平洋地域を巡回し、フィリピン、タイ、韓国、豪州の同盟国や友好国を訪問し、軍事訓練などを通した信頼醸成活動に従事していることはⅣ-②で述べた通りです。手に負えない紛争事態には本国からMEFの大部隊が大挙来援します。

沖縄のマグタフはMEUで、移動手段は佐世保の艦艇。電車にたとえると、長崎始発の電車に沖縄で乗車した〝マグタフ君〟はアジア太平洋全域へ定期的に出かけていますが、乗車駅を鹿児島や熊本などへ移しても彼の仕事に支障はありません。乗車時間を調整すればいいのです。

もちろん四部隊まとめて置く方が調整や連携に都合がよく、鳩山由紀夫元首相が普天間（航空部隊）は「最低でも県外」と主張したのは、自動車からタイヤを外して本土へ持って行き車体は沖縄に置くような話です。元防衛大臣の森本敏さんが「（海兵隊は）日本の西半分のどこか、マグタフが機能するなら沖縄でなくてもよい」と言明したのはマグタフに精通しているからの達観でした。「空陸一体」と「沖縄に」は、本来つながらないトンチンカンな見解なのです。

Ⅳ-④ 尖閣有事になれば沖縄から海兵隊が即出動?

佐藤　学

日本では、「尖閣で軍事衝突が起きれば、在沖海兵隊がMV22オスプレイで直行して参戦する」と広く信じられており、それが「オスプレイのための辺野古新基地に反対するのは中国を利する」「辺野古反対運動は中国が金を出している」という荒唐無稽な沖縄攻撃の理由になっています。以下、在沖海兵隊が尖閣で戦争するのか、「事実」に即して検討します。

まず、日米安保とその他の日米の取決めはどのようになっているか。「尖閣諸島が日米安全保障条約第五条の適用地域だから、中国が尖閣を攻撃、占領すれば、防衛義務がある」「オバマもトランプも第五条適用を確認している」ということが、海兵隊参戦願望の最大根拠になっているようです。第五条は、日本が実効支配している尖閣「諸島」は、日本の「領土」だから、そして、その尖閣「諸島」に、第六条に基づいて日本が米軍に提供している「施設」があるから、米国に「尖閣防衛義務」がある、という主張です。沖縄県内の日本の提供施設は、復帰の日(一九七二年五月一五日)付の日米合同委員会議事録(五・一五メモ)に詳細なリストがあります。ここで、尖閣「諸島」に属するのは、黄尾嶼(Kobisho)と赤尾嶼(Sekibisho)の二つの小島が米軍の射爆場(爆弾投下・射撃訓練の標的)として挙げられているだけです。この二島での訓練は、七〇年代に実施された後には行われていません。

この二島には、久場島、大正島という日本名がありますが、五・一五メモでは中国名です。しかし、英語の正文（こうした文書は、日本文は全て仮訳扱いです）でのローマ字表記は、中国語発音ではなく、いわば琉球名です。そして、重要なのは、「尖閣諸島」という語はまったく出てこないこと、尖閣最大の魚釣島（中国名・釣魚台）は提供施設ではないことです。そもそも、米政府の尖閣の領有権に関する基本方針は、一九五二年のサンフランシスコ講和条約以来、今に至るまで「中立」です。つまり、爆弾投下のターゲットでしかなく、名称も中国表記の小島をめぐって、「中立」である米国が戦争してくれるという願望が現実的か、ということです。

次に在沖海兵隊の機能を検討します。沖縄には地上戦闘部隊が訓練のために駐留しており、かれらを居住地から訓練場に運ぶために、過去にはＣＨ53等の通常のヘリコプター、今はＭＶ22オスプレイがあります。もし在沖海兵隊が尖閣での戦闘に向かうとすると、オスプレイで直行するという作戦はありません。航続距離が長く飛行速度も高いオスプレイが、紛争地たる尖閣に直行するということが日本では当然視されていますが、海兵隊が地上戦隊部隊とオスプレイを展開するには、強襲揚陸艦（ＬＤＨ＝ヘリ空母）に搭載して作戦地近傍まで輸送します。佐世保から沖縄は八〇〇㎞離れており、回航には丸一日以上かかります。この点について森本敏・元防衛大臣が興味深い発言をしています。遠い佐世保に揚陸艦がいて即応体制が十分か、という質問に対し「現代の軍事環境で海兵隊を投入しなければならない事態は一瞬に起こるのではなく、事前に情報を集めて分かる。佐世保から揚陸艦を出し沖縄近海で乗せる十分な時間があります」（朝日新聞二〇一六年七月二三日「耕論」）。辺野古しかない、という趣旨のインタビューで沖縄が尖閣に近いことには軍事的意味がないという事実を述べる、軍事専門家としてけだし正直な発言と言えるでしょう。

Ⅳ－⑤ 高性能の新型機オスプレイ配備で日本の防衛力は上がった？

佐藤　学

日本では、ＭＶ22オスプレイが革命的な新兵器であるという宣伝が行き渡り、また、『トランスフォーマー』等のＳＦ映画で活躍する場面の印象から、攻撃用の戦闘機であるということになっています。それが多数沖縄に配備されれば尖閣だけでなく日本の守りは万全と信じたいのです。

オスプレイがどのような航空機であるかを示す事件が、二〇一三年一二月に、南スーダンで起きました。陸上自衛隊が派遣され戻された、深刻な内戦が続く同国で、反政府ゲリラ側が占拠した地域に米国民が取り残され、空軍がオスプレイＣＶ22（Ｃは輸送機の意）を救出に飛ばしました。ところが、反政府ゲリラの手持ち小火器に撃たれて乗っていた海軍特殊部隊兵員が重傷を負い、救出作戦は中断し撤退。米政府は反政府ゲリラと交渉し、攻撃するのではないからと見逃してもらう約束を取り、通常のヘリコプターをチャーターして米国民を救出しました。

ＮＹタイムズ紙の記事検索で「Osprey South Sudan」と入れれば、その後の報道も含めて詳細な記事が読めます。日本語の新聞には極小記事が載っただけで、オスプレイの名を記載した記事はロイター、ＡＦＰ等の外国サイトの日本語版か時事通信サイトしか確認できませんでした。「オスプレイ南スーダン被弾撤退事件」は、日本ではほとんど知られていなかったのです。これには後日譚があり空軍はオスプレイの機体脆弱性に懸念を強め、機内の装甲強化に内貼りをしま

内貼りして補強されたオスプレイの内部

した。Breaking Defenseという米軍需産業のニュースサイトに、内貼りの写真付きで掲載されていて、二〇一七年九月時点でも見られます（AFSOC Osprey Armor Upで検索。二〇一五年五月一五日）

要するに、オスプレイは垂直離着陸のために機体が軽くなっていて撃たれれば終わり、そして単なる輸送機であるということです。これを非常に明確に説明しているのが「オスプレイは役に立つ」というインタビューでの佐藤正久・自民党参議院議員です。イラク派遣の陸上自衛隊司令官「ヒゲの隊長」として著名な佐藤議員は、以下のように言っています。「オスプレイの運用のしかたは色々なパターンがあると思います。輸送機なので武装はしていないから持って行くのは前線ではなく後方ですよね。弾が飛び交う中には行きません。下から撃たれたら終わりだし、そんなのに隊員は乗りませんよ。米海兵隊が持っているし、特殊部隊も使うから戦闘機みたいなイメージがあるかもしれませんが、日本の場合はそんなんじゃありませんから。そんなにおどろおどろしいところにはいかないと思います」（朝日新聞西部本社版（九州）二〇一七年二月二五日）。

沖縄県名護市沿岸の浅瀬に墜落し，大破したオスプレイ（2016年12月14日，共同）

陸上自衛隊が購入するオスプレイを佐賀空港に配備しても心配不要、という文脈の発言ですが、いみじくも〝事実〟を語ってしまっています。ただし、自衛隊のオスプレイは米海兵隊や空軍のものとは異なる機体であるかのような印象を与えますが、防衛省は佐賀県に「陸上自衛隊に導入するＶ22は、通信機材など一部の機器を除けば、ＭＶ22やＣＶ22と同一の機体であり、安全性の評価もほぼ同一であると考えていますが、運用の形態は異なります」（二〇一六年二月一六日付、九州防衛局企画部長「佐賀空港における自衛隊機配備等に関する説明内容等について（回答）」）と答えています。自衛隊のオスプレイも、南スーダンで撃たれた空軍オスプレイも、沖縄の海兵隊オスプレイも「下から撃たれたら終わり」の「弾が飛び交う中には行けない」単なる脆弱な輸送機なのです。

Ⅴ章　黒幕は尖閣を狙う中国？

米中首脳が初会談　談笑するトランプ米大統領と習近平・中国国家主席
(2017 年 4 月 6 日，米フロリダ州，ロイター＝共同)

V-① 米軍がフィリピンから撤退したから中国が南沙諸島を占領した？

星野英一

ここにもいくつかの誤解と、誤解に基づく中国の意図の誤った推測・将来予測があります。後者についてはV-③で取り上げることにし、ここでは前者について検討していきます。

第一に、少なくとも中国が南沙諸島全体を占領している事実はありません。実効支配している島や礁の数は、現在のところベトナムが一番多く二一、フィリピンが八、中国が七、マレーシアが五、台湾が一と言われています。埋め立て前面積比で言うと、フィリピンが四五％、ベトナムが二七％、台湾が二五％、マレーシアが三％程度です。

第二に、フィリピンから米軍が撤退したためにフィリピンが実効支配していた南沙諸島の島や礁を中国が「奪った」という事実もありません。米軍がフィリピンから撤退したのは一九九二年ですが、その時点でフィリピンが実効支配していた南沙諸島の島は、今もフィリピンの実効支配下にあります。南沙諸島海域で、まだどこの国も実効支配していなかったミスチーフ礁（中国名・美済礁）について、一九九五年に中国が新たに実効支配したのは事実ですが、フィリピンが支配していた礁を武力で奪ったわけではありません。なお、フィリピンはこの中国の動きに対抗するように、九九年にセカンドトーマス礁（フィリピン名・アユギン礁）に廃船を座礁させ、新たに実効支配を拡大しています。

第三に、したがって、中国が南沙諸島における実効支配地域を着々と広げているという認識も間違いです。中国による南沙諸島での人工島建設の報道が大きく取り上げられた時期がありましたが、あれは二〇〇二年の時点で中国が既に実効支配していた所を埋め立てて広げているだけで、支配地域を拡張しているわけではありません。確かに、面積が広がり、飛行場が建設されたり、レーダーが設置されたりと、その場所が軍事的に利用される懸念を持つことは自然なのでしょうが、事実に基づかない脅威認識を持つべきではありません。

最後に、「米軍がフィリピンから撤退したから中国が南沙諸島を占領した」ので、東シナ海でも「米軍が沖縄から撤退したら中国が南西諸島を占領する」という推測も間違っています。ここまでの議論からすると、「中国が拡張主義的な政策をとっている」というのは言い過ぎでしょう。中国が実効支配している島や礁が軍事的に利用されており、これに対してどう対応すべきかという政策課題がある、というのは理解できます。

ただ、Ⅳ-④などでも触れているように、そもそも米軍はたとえ同盟国であっても他の国との領有権紛争には積極的に関わろうとはしません。南沙諸島の領有権に関わる紛争のこれまでの歴史と現状を考えると、紛争回避に効果を発揮してきたのは、米軍基地の存在による「抑止力」ではなく、南シナ海行動宣言のような中国-ＡＳＥＡＮ間の外交努力であったというのが妥当でしょう。外交ですから、すべてこちらの思う通りになる保証はありませんが、中国を行動宣言の枠内に踏みとどまらせる努力が必要だといえるでしょう。

V−② トランプ大統領で米中戦争は近い？

佐藤　学

米国と中国の関係がどうなるのか、二〇一六年一一月のトランプ当選以前から、国際政治の世界では、中国の驚異的な経済成長から米中軍事衝突に向かうという見方と、そうはならないという考え方の両方がありました。トランプ大統領は、米国が中国にどう対処するのかの選択の幅を、極端な言説で明らかにしていますが、それは彼が始めた議論ではありません。

米中軍事対決が回避困難（不可避とは言っていない）という理屈を二〇一三年頃から主張し、二〇一七年に"Destined for War"という、いささか衝撃的なタイトルの本にまとめたのがハーヴァード大学のグラハム・アリソンです。アリソンは、今や古典となった『決定の本質』（初版七一年、改訂新版九九年）という、一九六二年キューバミサイル危機時に戦争回避が可能となった経緯の研究で著名な学者です。彼がこの数年主張してきたのは、自身がペロポネソス戦争の故事にちなんで「トゥキディデスの罠」と名づけた、覇権国に対して新興国が挑戦する時に戦争になるという見立てです。過去五〇〇年間でこのような対立が一六回あり、そのうち一二回は戦争で決着がついた、よって米中もよほど注意深く臨まないと対立が戦争になる可能性が高い、というものです。

一方、中国の経済的台頭が急激に進み、米国に経済規模で追いつき追い越す状態になっても、米中の経済的相互依存の強さがあり、さらに中国は、米国が第二次世界大戦後に作り上げた自由貿易体制の恩恵を受け、その枠内で経済成長を遂げた以上これを壊すことはしないと予測していたのが、プリンストン大学のG・ジョン・アイケンベリーで、『リベラルな秩序か帝国か』(原題"Liberal Leviathan"二〇一一年)が主著です。経済相互依存が強い国同士は戦争できない、というこの分析に対しては、第一次世界大戦前の独英関係、独仏関係は経済的相互依存が強かったにもかかわらず、戦争が回避できなかったという批判が常にあります。しかし、たとえば中国は、二〇一七年現在、米国債発行残高の約六分の一を保有、また米ドルによる外貨保有高は中国が二位の日本の約三倍で世界第一位、対して中国の輸出市場では、米国が一八％で二位ＥＵの一六％を上回り第一位です。つまり、米中は、中国にとって最大輸出市場である米国で稼いだ米ドルを、米国債購入で米国に還流させ、また米ドルを貯めている、という関係です。経済規模の巨大化を考えれば、第一次世界大戦前のドイツと仏英との関係とは次元が違うのではないでしょうか。

トランプは米国第一主義を掲げ、米国主導のリベラルな世界秩序が米国経済を弱体化したと主張して旧産業労働者層の支持を引き付け大統領になりました。政権半年でＴＰＰ離脱を決め、ＮＡＦＴＡも米国有利に改定する圧力を加え、韓国とのＫＯＲＵＳ破棄も主張しています。アイケンベリーが重要視していたリベラルな世界秩序を米国自身が捨て去るという新事態の到来です。加えて、こうしたトランプの姿勢が軍事・安全保障でどこに向かうか不明です。極端なまでの元軍人の重用により軍事政策は現状維持の色が濃いのですが、北朝鮮への軍事行動示唆を繰り返しており、ニクソン元大統領が採った、何をするかわからない「狂人」と思わせるＭＡＤＭＡＮ理論に倣っているようです。米中が戦争となれば、世界第一、二位の経済が直接衝突する事態で世界経済は崩壊します。皮肉にも元軍人たちが仕切るうちは無茶はしないだろうと予測されます。

V-③ 中国は沖縄を狙っている?

星野英一

YouTubeにこんな動画があります。米軍撤退後の沖縄の話で、若者がビーチでバーベキューをしていたら、中国軍が上陸作戦を実行し、若者たちは殺されたり、捕らえられたりしてしまう、という内容です。素人の遊びではなく、誰かが意図を持って、お金をかけて作ったとわかる動画でした。

でも、いったい誰が?「中国は沖縄を狙っている。米軍が撤退したら中国が南西諸島を占領する。だから沖縄の米軍基地が必要だ」と主張したい人たちでしょう。その根拠としてよく言及されるのが、二〇一三年五月八日の『人民日報』に掲載された二人の研究者の文章です。確かに、「日清戦争後に日本に奪われた沖縄の帰属問題についても再び議論する時期がきた」と論じられていますが、なぜ狙っているのかについては、「尖閣諸島と沖縄本島、南西諸島を手に入れて、東シナ海の制海権・制空権を確保し、第一列島線(対米防衛線)を完成させ、西太平洋への進出を果たすため」といった「沖縄略奪」論者の推測が続きます。また、国内外で沖縄独立の機運を作り出すことと、場合によっては軍事力で宮古・八重山を奪取することがその手法だというのが「沖縄略奪」論者の主張です。人民日報論文は、その証拠になるという訳です。

しかし、注意深く検討すると、色々おかしなことが見えてきます。まず、先の論文の主題は尖閣諸島であって、琉球/沖縄問題は「おまけ」だということです。明治政府が尖閣諸島と並んで琉球王国を武力で併合したと強調する一方、論文は「琉球王国は独立国家で、明初から明朝皇帝の冊封《さくほう》を受けた、明・清期の中国の藩属国だ」と琉球が独立国家であったことを確認しています。藩属国というのは、朝鮮やベトナム同様、朝貢国であったと言う意味です。また、同じ日の外交部の記者会見で、報道官は「沖縄を日本領と認識しているか？」との問いに、「琉球と沖縄の歴史は学術界が長年注目してきた問題だ」とだけ述べて肯定も否定もせず、「釣魚島およびその付属島嶼は中国固有の領土であり、琉球または沖縄の一部であったことはない」と繰り返しました。

一一日の『環球時報』「社評」はこう述べます。「琉球は釣魚島と異なる。歴史上、琉球国は中国と藩属関係にあったが、決して中国の版図の一部ではなかった。中国は琉球を「奪回」しようとするものではないが、琉球の現状を否定することはできる。（中略）日本が最終的に中国と敵対する道を選んだならば、中国は現在の政府の立場を変更し、琉球問題を歴史上未解決の問題として再提起することを検討すべきだ」。つまりは外交戦術の問題で、必要な時に中国政府を有利にする交渉の道具として琉球／沖縄問題を利用することを提言しているのです。

これが政府の本音なのか、それとも観測気球と見るべきか難しいのですが、「沖縄略奪」を意図したものではないことは確かです。過去の中国の藩属国がすべて中国領になるなら朝鮮半島やベトナムも中国領というとんでもない話になってしまいます。そうではなく、琉球／沖縄問題は中国側の交渉の道具なのだと考えると、「沖縄の独立勢力を育成すべきだ」とする『環球時報』の主張も意味がわかります。スコットランドやカタロニアのように地域住民の自己決定権や民主主義を蔑ろにすると、独立の機運に火がつきかねず、日本政府のアキレス腱となり得るからです。

V―④ 琉球王国は中国に朝貢していたから、いまも沖縄の人は日本より中国が好き?

島袋　純

琉球王国は、確かに、五〇〇年以上にわたる中国の朝貢国でした。朝貢国とは、国王が形式的に中国皇帝に対して臣下の礼をとる(冊封を受けるといいます)ものの、いっさい内政に干渉することはなく、その独立を保障された国のことです。日本では室町幕府の足利義満の時代に中国に朝貢したことがありますが、その時代に中国の支配下に日本があったとは言えません。同じく朝貢国であった琉球・沖縄が中国の実質的な支配下にあったことは、歴史上一度もありません。

一三七二年に最初の朝貢を行った琉球国中山王・察渡以来、那覇の久米村に多くの中国人が滞在し、次第に琉球王国の防衛と外交に関わるようになります。琉球国王は、かれらに国王の臣下としての忠誠と引き換えに琉球士族として身分と琉球名を与え、かれらは琉球王国の支配体制の一部を担うようになります。しかし久米村出身士族は、原則として王府の最高位である三人制の中枢官職、「三司官」に就任できる身分ではありませんでした。久米村出身者は多くが琉球人留学生として北京に赴き、帰国後は琉球の貿易・外交に従事します。かれらが琉球王国を支配し、中国に琉球を差し出そうしていたという歴史的事実はなく、朝貢貿易体制を続けることが琉球王国の独立を維持するための外交および経済的基盤であり、その維持発展に貢献したわけです。

中国の朝貢国であったという歴史的事実が、必ずしも現代の沖縄県民の中国への親近感や好印

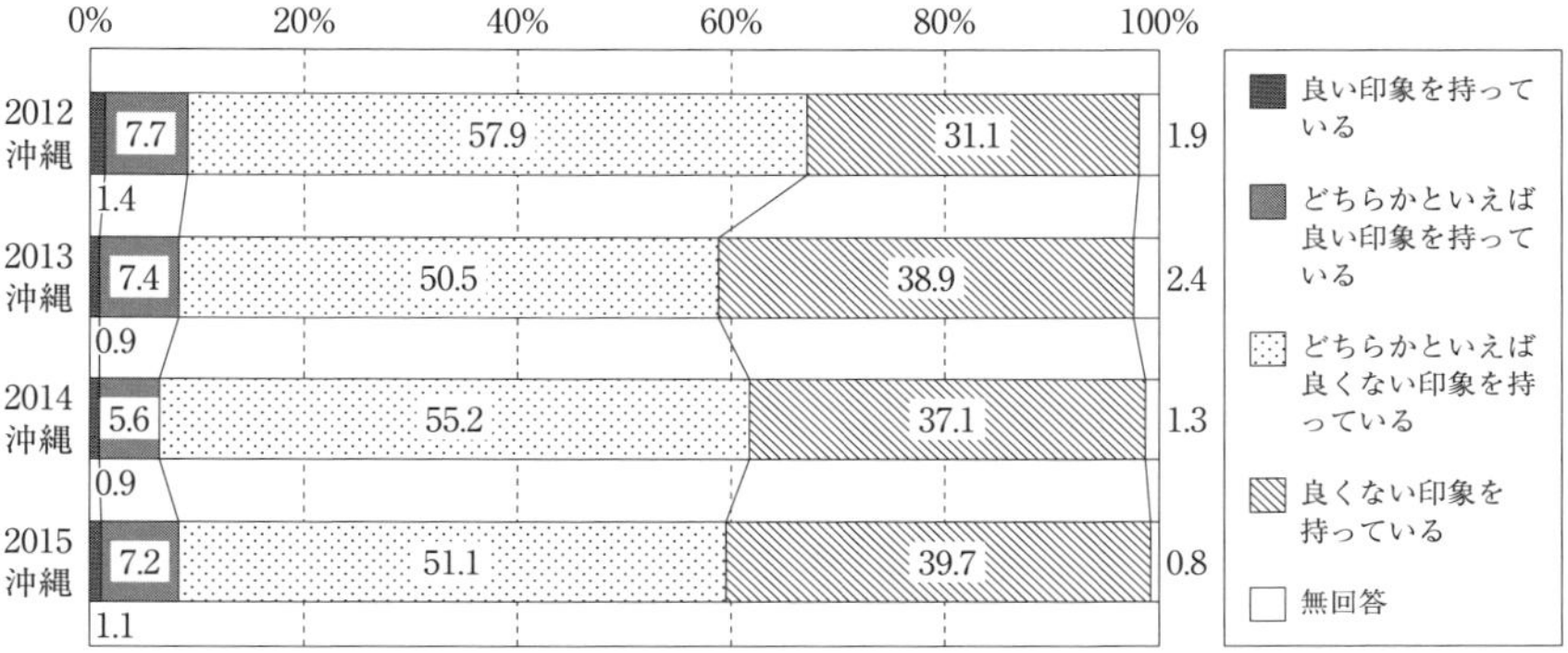

地域安全保障に関する県民意識調査より，対中国親近感の推移

象に繋がっているとは言えません。沖縄県地域安全政策課では、仲井真県政による創設以来毎年、地域安全保障に関する県民意識調査を行ってきて、その中の中国や米国、韓国や他の近隣諸国に対する県民意識のアンケート調査は県民感情を具体的に示しています。

米国への親近感調査における回答、「親しみを感じる」「どちらかというと親しみを感じる」の合計割合が、二〇一四年度調査結果五九・七%、二〇一五年度は五五・五%と高いことがわかります。一方、対中国調査では同回答が二〇一四年度は八・六%、二〇一五年度は一〇・三%という低いものとなっています。逆に「親しみを感じない」「どちらかというと親しみを感じない」は、二〇一五年度は八八・一%にも上ります。

さらに、「中国に対する印象」の調査では、「良くない印象」「どちらかというと良くない印象」が九〇・八%と、同様の調査で日本全国の平均が八八・八%であるのに比べても、高い傾向を示しています。結論として、中国との歴史上の朝貢関係が、現在の沖縄県民の意識に影響を与えているということはできません。

Ｖ－⑤　翁長知事は中国からお金をもらって日本政府に対抗している？

島袋　純

日本のすべての政治家（公職にある者、公職の候補者及び候補者となろうとする者）の政治資金には、「政治資金規正法」により厳格な制限が定められています。政治家の金銭の授受に関して公開が義務づけられており、不正や違法が明らかになった場合には、公民権（公職選挙法に規定する選挙権及び被選挙権）を停止される厳しい処罰の対象となります。つまり、政治生命を失うほど厳しいということができます（総務省政治資金規正法のあらまし http://www.soumu.go.jp/main_content/000174716.pdf）。

政治資金規正法において、外国人及び外国法人からの政治活動に関する寄付は、明白に禁止されています。政治資金規正法第二二条の五により、外国人、外国法人、主たる構成員が外国人もしくは外国法人その他の組織からの政治活動に関する寄付が禁止されています。

各政治家の政治資金については公表が義務づけられており、翁長武志《おながたけし》知事の政治資金については、沖縄県選挙管理委員会のＨＰに掲載されています（沖縄県選挙管理委員会 URL＝http://www.pref.okinawa.lg.jp/site/kurashi/senkyo/index.html）。ここで公表された政治資金情報の中に、仮に外国人及び外国法人からの政治資金の提供、または虚偽の報告があれば、翁長氏の政治生命を断つことができるので、反対派にとってみれば極めて有効ですが、いまだに発見されていません。

Ⅵ章　基地反対運動は「反日の怖い」人たち？

米軍普天間飛行場の沖縄県名護市辺野古移設に反対する県民大会で，メッセージを掲げる参加者たち
(2017 年 8 月 12 日，那覇市の奥武山公園，共同)

Ⅵ-① 沖縄の基地反対運動には日当が支給される?

宮城康博

高江や辺野古での反対運動に参加すると日当が支給されるというのは、ほんとうにトンデモで荒唐無稽なデマです。もちろん、組織的に参加する労働組合員が組合費の中から費用弁償などを支給されているかどうかは組合の問題です。また交通費等の実費相当を、住民運動グループがカンパ等の中から拠出しているかどうかも、そのグループの問題であり、知る由もありません。

日当デマは、金額と個人の名前が書かれた封筒を基地のフェンス近くで拾ったという手登根安則氏のSNSでの画像投稿に端を発しているようです。手登根氏はそれを日当だと直接的に断言していないようですが、そう匂わせ拡散に精を出しています(http://blog.goo.ne.jp/lifetree241rnm/e/c407d589ce29435c03d94b8f3f692299)。

二〇一七年一月に放送されたTOKYO-MXテレビの番組「ニュース女子」では、東京で配られた高江の米軍ヘリパッド建設反対運動への参加呼びかけビラに「五万円あげると書いている」と紹介され、普天間基地周辺で人名と二万円という金額が書かれた封筒がみつかったなどと紹介し、反対運動の参加者が報酬を受けていると報じました。

当該ビラの発行元である反ヘイトスピーチ団体「のりこえネット」は、市民特派員への手当を歪曲して伝える虚偽報道であると抗議しています。二万円の封筒の出自について番組内では明らかにされていませんが、ジャーナリストの安田浩一氏によると、番組への封筒提供者は手登根氏です。「ちなみに番組に「茶封筒」を提供した沖縄の保守系活動家「ボギーてどこん」こと、手登根安則氏は私に対し「封筒は普天間飛行場近くで清掃中に拾ったものだが、日当だと断言したわけでもない」としたうえで、日当支給を示唆するかのような番組内容にも「私は構成に関わっていないのでわからない」と答えた」（安田浩一ウェブマガジン「ノンフィクションの筆圧」二〇一七年一月二二日）といいます。確定的なことは言わず示さず、ファクトかどうか検証のしようもない封筒などを持ち出してデマをつくりだしていく。どうしようもない下卑た行為だとしかいえません。

ゲート前には一〇〇人近くの市民が集まるときもあり、その日だけで二〇〇万円が吹っ飛びます。全国から大きな寄付を集めた辺野古基金は、当然のことながら会計は慎重に運営されており、そのような日当が拠出されていないことは、会計報告を見れば明らかです。中国からの資金援助があるという話も広く流布されていますが、9・11事件以降、世界的に外国為替の管理は厳しくなっており、そのような流入があれば、当然日本政府が捕捉しており、大問題になるでしょう。

通常のアルバイト等における相場からも、二万円という日当はかなり高額なものです。考えられるのは、辺野古・大浦湾の海域では地元の漁船をチャーターした警戒船が出ており、その日当は船長が五万円、同乗する警戒員が二万円である（沖縄タイムス二〇一六年七月二日）という事実に対応して、反対派にも二万円が支給されていると発想したのではないかということです。

筆者の友人にも、週末（平日でも時間のあいているときは）足しげく辺野古や高江に通う人たちがいます。自腹で交通費を捻出し、もちろん日当などどこからも出ていません。みんな言っています。「日当もらえるならもらいたい、どこでもらえるのかデマ元のみなさんに教えてほしい」と。

Ⅵ-② 反対派は本土のプロ市民?

島袋　純

「プロ市民」という用語ほど意味不明の言葉を探すことは難しいのですが、ここでは仮に職業的な市民運動家、つまり抗議活動や反対運動で生活の糧を得ているエキスパートを示すとします。

現在、キャンプ・シュワブゲート前での抗議行動に参加する人々の多くは、各市町村単位で作られた島ぐるみ会議組織のチャーターバスで現地に来ています。沖縄県内ではそうした島ぐるみ会議(三〇市町村以上)が存在し、各団体は週一、二回程度バスを派遣しています。北部近隣市町村の島ぐるみ会議は早朝の時間帯に訪問を設定するなど、毎日島ぐるみ会議系の組織のバスが入れ替わり立ち替わり辺野古に集結し、少なくとも二〇〇人以上の市民が抗議に参加しています。

この人たちは当日にバス代を支払い、お弁当を持参して自発的に参加するのであって、労組や職場の命令、政治団体の命令で参加しているわけでありません。平日はしたがって、退職後の方々が多くなる傾向にあります。土日だと若干若い方が多くなります。それ以外に周辺集落からの参加者、自家用車で相乗りをして中南部や近隣市町村から直接来る人たちも多くいます。

組織的に資金を負担し抗議メンバーを辺野古に長期常駐させるなどまったくできない状況です。労組や市民団体が、祝祭日などに大勢で来ることは時々ありますが、日々の常駐は無理です。日本の全国的組織あるいは中央組織にしても、一〇〇人二〇〇人単位で資金を手当てし、生活費を保証する職業的市民活動家を毎日毎日、常駐させるということは、現実的に考えれば不可能です。

Ⅵ―③ 地元住民は基地賛成だから運動に迷惑している？

島袋　純

「地元」をどこと捉えるのかが不明確ですが、名護市と捉えるとすれば、二〇一〇年以来、辺野古基地の建設反対派が市長選挙、市議会議員選挙において勝利し続けています。

埋め立て予定の辺野古沿岸部および大浦湾には、辺野古を始め豊原、久志、二見、大浦、瀬嵩、汀間などの大浦湾を取り囲む近隣集落があります。そのような集落の日常生活の場で、「反対」「賛成」を明言したり態度で表すことや、ゲート前や海上の反対運動や抗議活動に加わること、あるいは逆に抗議活動に明白に反対の態度を示すことは簡単ではありません。集落の一体性や共同性を突き崩し、相互扶助の取り組みにとって障害となるからです。補助金や様々な利益への期待、反対への諦めなどもあり、集落によって違いはありますが容認している人も少なからずいることも事実です。しかし、いずれの立場でも多くの方々は長年にわたる対立で疲弊しています。

ゲート前や海上の抗議行動に加わる周辺集落在住者も少数いますが、それ以外の地域からの参加者が多いことは確かです。しかし、辺野古基地の建設現場は普天間飛行場から四〇㎞も離れておらず、札幌市や広島市など政令指定都市に置き換えれば市内移設となる近い距離にあります。建設されれば沖縄本島周辺全体の沿岸や海域に影響が生じますし、オスプレイの訓練空域は沖縄本島全体を覆うので中南部も大きな影響を受けます。大浦湾の周辺集落、名護市のみならず、近隣市町村及び中南部から自分たちの問題として抗議活動に参加しているのです。

Ⅵ-④ 反対派は韓国・北朝鮮・中国の工作員？

星野英一

このデマが主張しようとしていること、あるいは信じようとしていることは、沖縄での新基地建設、拡大に対して、「賛成派」と「反対派」がいて、後者の反対派に惑わされて反対している人がたくさんいるが、そうした人たちは、反対派が「反日」の韓国・北朝鮮・中国の政府関連機関の指示に従って沖縄で展開している新基地建設反対運動への誘導に乗せられてしまっているだけだという、「壮大な物語」のようです。

あまりに途方もないので、どこから手をつけていいのかわかりませんが、第一に、このデマの発信者が最も信じたくないのは、沖縄の多くの人々は日米両政府が現在強引に進めようとしている新基地建設・拡大に反対し、沖縄に海兵隊はいらないとまで考えているらしい、ということです。二〇〇六年からの一〇年間、辺野古の現在の新基地案を支持・容認して勝った知事、県選出国会議員、地元である名護の市長、そして県議会多数派がいないという、沖縄県内の選挙結果をストレートに理解することができないのです。ちなみに、二〇一七年九月現在、辺野古推進を主張、または容認している沖縄選出国会議員は、全員が当選した時には普天間の県外移設を公約として掲げていたものの、その後、党中央の圧力などから公約を取り下げた議員たちです。

第二に、このデマに含まれている真実の一つは、「辺野古新基地建設に賛成している人たちも存在する」ということです。しかし、この間の各種世論調査の結果は、六〇～八〇％の「反対」

の表明となっています。たとえば、二〇一七年四～五月の世論調査では、「賛成」が二七％（NHK）、二三％（沖縄タイムス）、一八％（琉球新報）、「反対」はそれぞれ六三％、六一％、七四％でした。「賛成」が少数派であることは確かなのです。ですから、こうした事実と「そんなはずはない」という自分の信じたいことを矛盾なく理解するために、「工作員」などという証拠のない、反証するのが困難な「物語」を持ち込むことになるのです。

第三に、沖縄と韓国の反米軍基地運動が「民衆連帯」の交流を重ねている事実はあります。しかし、これはどちらかがどちらかの「工作員」であるという話ではありませんし、ましてや、政府関連機関の指示などとは無縁です。ところが、こうした運動の背後で中国や北朝鮮の政府関連機関が糸を引いている、というのがデマの発信者の信じたい、あるいはデマの受け手に信じさせたい「物語」です。

こうしたデマをたくさん見てくると、発信者にとって、あるいはこうしたデマを真に受ける人たちにとって、事の真相は二の次なのではないかと思えてなりません。自分が信じていることと自分が信じたくない事実とが矛盾する時、事実に従って自分の信じていることを修正するのではなく、その事実が何者かによってねじ曲げられているのだと考えるわけです。いわゆる「陰謀論」のようなものですが、この時、「何者かによってねじ曲げられている」ことが事実であるかどうかは無視されてしまいます。「工作員」であることを証明するための証拠探しなどは行われません。その必要すら感じていないかのようです。自分の信じていることを守り通すこと、それが何らかの理由によって、かれらにとって死活的な問題だからなのでしょう。

Ⅵ−⑤ 基地に反対しているのは一部の反日独立論者だけでしょ？

島袋 純

琉球新報が、二〇一六年に行った県民意識調査によると、「今後の日本における沖縄の立場をどうすべきか」という質問に対して「現行通り、日本の一地域（県）のまま」と答えた割合が、四六・一％、一方、「独立」は、二・六％でした。日本に所属しながら自治州や連邦制を目指すという意見も、合計三二・九％あります。同調査では、米軍基地については「撤去」「縮小」を求める人が計六〇・五％であり、米軍基地に反対する大多数は、基地問題の解決に対しても自治権の強化による解決を望んでおり、独立の主張をしていないことがわかります。

沖縄には日本からの独立を唱える人々も確かにいます。そもそも琉球国は、中国との朝貢関係にあったものの実質的に独立した存在であり、江戸幕府が幕末に西洋列強と結んだ条約と類似の条約、修好条約を欧米数カ国と締結していました。

日本政府は、日本が江戸時代末には国際的な約束を締結できる主体であったため、日米和親条約を結ぶことができたと説明しています。琉球国は、一八五四年に米国との間に日米和親条約よりも有利な琉米修好条約を、翌年にはフランスとの間に琉仏修好条約、五九年にはオランダと琉蘭修好条約を結びました。

つまり、琉球王国は、日本と同じような国際的な約束事を締結できる国際社会の政治的実体で

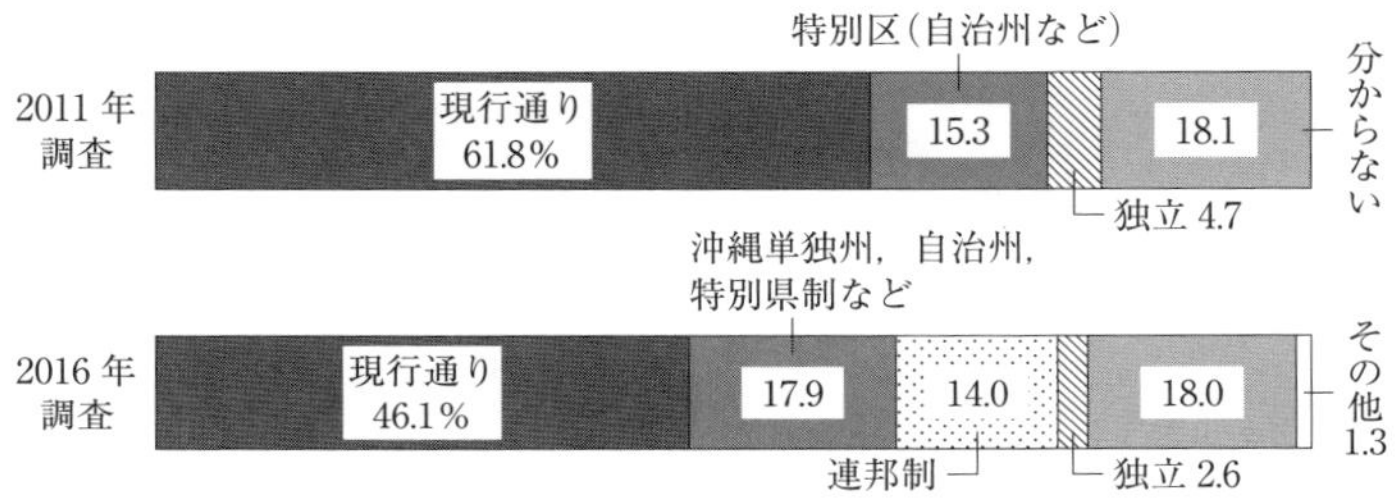

今後，日本における沖縄の立場をどうすべきだと考えるか
出典：琉球新報 2017年1月1日

あったということです。このような存在を、武力威嚇によって、沖縄の同意なしに日本に強制併合したことは国際法違反であると考え、沖縄が自らの統治権を自らの意思で放棄したことは一度もなく、今なおその権利があり、要求できるとする考え方が、独立派に多いと言えます。この権利を「自決権（自己決定権）」といいます。これが独立の論拠です。

　中国寄りの人々、親中派が独立を唱えており、独立論を隠れ蓑《みの》にして中国による沖縄占領を招くものだというデマも流布していますが、沖縄の独立を基礎づける考え方は琉球／沖縄が沖縄の「自決権」を持っているというところにありますので、中国領となることも断固拒否する考え方です。また、現在の中国領となっている自決権を持つ地域や人々とも共鳴しているということです。

〈**編者**〉

佐藤　学（さとう・まなぶ）　沖縄国際大学教授．政治学．著書に『米国議会の対日立法活動』『普天間基地問題から何が見えてきたか』他．

屋良朝博（やら・ともひろ）　衆議院議員．著書に『砂上の同盟，米軍再編が明かすウソ』『誤解だらけの沖縄米軍基地』他．

〈**執筆者**〉

島袋　純（しまぶくろ・じゅん）　琉球大学教授．行政学・比較自治．著作に『「沖縄振興体制」を問う』『沖縄が問う日本の安全保障』他．

星野英一（ほしの・えいいち）　琉球大学名誉教授．国際関係論．著書に『沖縄「自立」への道を求めて』『20 世紀の中国　政治変動と国際契機』（共著）他．

宮城康博（みやぎ・やすひろ）　南城市議会議員．劇作家．作品に『9 人いる！――憲法 9 条と沖縄』『浜下り外伝』他．著書に『沖縄ラプソディ』他．

沖縄の基地の間違ったうわさ
検証 34 個の疑問

岩波ブックレット 962

2017 年 11 月 7 日　第 1 刷発行
2019 年 6 月 14 日　第 4 刷発行

編　者　佐藤《さとう》学《まなぶ》，屋良《やら》朝博《ともひろ》

発行者　岡本　厚

発行所　株式会社　岩波書店
〒101-8002 東京都千代田区一ツ橋 2-5-5
電話案内 03-5210-4000　営業部 03-5210-4111
https://www.iwanami.co.jp/booklet/

印刷・製本　法令印刷　　装丁　副田高行　　表紙イラスト　藤原ヒロコ

ISBN 978-4-00-270962-8　　Printed in Japan